Zur Regelung von Automobilmaschinen.

Von

R. Lutz.

Von der

Technischen Hochschule zu Karlsruhe

zur

Erlangung der Würde eines Doktor-Ingenieurs

genehmigte

Dissertation.

Referent: Herr Professor H. Bonte.
Korreferent: Herr Professor R. Graßmann.

Springer-Verlag Berlin Heidelberg GmbH

ISBN 978-3-662-01677-0   ISBN 978-3-662-01972-6 (eBook)
DOI 10.1007/978-3-662-01972-6

Zur Regelung von Automobilmaschinen.

Von **R. Lutz.**

Für Automobilmaschinen, worunter im vorliegenden Falle Gasschnelläufer der bei Kraftwagen benutzten Bauart — mögen sie ortfest sein oder Fahrzwecken dienen — verstanden werden sollen, sind diejenigen Regelverfahren in Erwägung zu ziehen, welche auch sonst auf Gasmaschinen angewendet werden, also die Regelungen durch

> Zündpunktverlegung,
> Aussetzer,
> Gemischveränderung,
> Füllungsveränderung.

Der praktische Wert dieser Verfahren ist recht verschieden.

Die Regelung durch Gemischveränderung besitzt einen solchen gar nicht, da schon bei geringfügiger Schwankung der Gemischzusammensetzung die Zündung versagt. Eitner fand[1]), daß reine Benzindampf-Luft-Gemische nur explodieren, wenn ihr Gehalt an Benzindampf zwischen 2,4 und 4,9 vH des Gesamtvolumens lag. Diese Zahlen sind nicht unter Verhältnissen gefunden, welche denen des Maschinenbetriebes entsprechen, und daher nicht auf letzteren übertragbar; daß aber der Zündbereich aller für Automobilmotoren zurzeit ernstlich in Frage kommenden Brennstoffgemische ein enger ist, bestätigt auch die praktische Erfahrung. Zur Vermeidung von Betriebstörungen darf daher eine Aenderung der Gemischzusammensetzung nicht als Regelverfahren benutzt werden, man muß im Gegenteil dahin streben, die Zusammensetzung des Gemisches unverändert, und zwar möglichst wirtschaftlich zu halten.

Dieser Bestrebung setzen nun die bei Automobilmaschinen üblichen Einspritzvergaser Schwierigkeiten entgegen. Die Gemischbildung vollzieht sich in solchen Vergasern bekanntermaßen so, daß infolge des Ansaugunterdruckes Luft einströmt, und daß zugleich aus einer Düse mit unveränderlicher Flüssigkeitshöhe Brennstoff aussspritzt, der sich in der angesaugten Luft verteilt. Die auf diese Weise entstehende Gemischzusammensetzung wechselt, wie sehr bald beobachtet wurde, mit dem Unterdruck im Vergaser; erhöht sich der Unterdruck, so steigt der Brennstoffgehalt der Mischung und umgekehrt. Da nun der Druck im Vergaser einerseits von der wechselnden Stellung des Drosselorganes im Ansaugrohr, anderseits von der — bei Fahrzeugmaschinen infolge veränderlicher Fahrbahn besonders stark schwankenden — Umlaufzahl abhängt, so sind betriebstörende Aenderungen der Gemischzusammensetzung möglich.

---

[1]) **Eitner**, Journal für Gasbeleuchtung 1902 S. 1.

Die Regelung durch Aussetzer bietet unter der Voraussetzung, daß sie durch Brennstoffabsperrung vor sich geht, den Vorzug größter Wirtschaftlichkeit und ermöglicht auch die Auskühlung überhitzter Maschinen durch angesaugte Frischluft. Anderseits erhöht sie aber auch die Ungleichförmigkeit des Maschinenganges und führt in ausgekühlten Spiritusmotoren leicht einen Spiritusniederschlag mit den bekannten schädlichen Folgen herbei. Auf Automobilmaschinen wird die Aussetzerregelung nur als Sonderfall der Regelung durch Zündpunktverlegung oder Füllungsveränderung angewendet, insofern die Zündung oder die Gemischzufuhr ganz abgestellt wird. Das erstere ist, soweit es ohne gleichzeitige Brennstoffabsperrung geschieht, sehr unwirtschaftlich.

Die Regelung durch Zündpunktverlegung hat sich bei Fahrzeugmotoren im Gegensatz zu ortfesten Gasmaschinen von vornherein eingebürgert. Der Wagenbetrieb macht weitgehende Leistungsveränderungen nötig, und dazu bietet sich in der Zündpunktverlegung ein technisch bequemes Mittel. Diese gestattet, aus einer gegebenen Zylinderfüllung ohne jedwede Störung der Gemischbildung eine zwischen dem Null- und dem möglichen Höchstwerte schwankende Arbeit zu entwickeln, naturgemäß auf Kosten bester Brennstoffausnutzung, da es sich eben um eine verschieden gute Auswertung einer gegebenen Wärmemenge handelt. Die wirtschaftlichste Zündstellung, also die der Höchstleistung, hängt von der Umlaufzahl der Maschine ab, denn da bei der Höchstleistung der größte Kolbendruck in einer bestimmten Kolbenlage entwickelt sein soll, da ferner unter sonst gleichen Ladungsverhältnissen die Entflammungszeit nur in engsten Grenzen schwankt, so muß bei schneller Umdrehung, also hoher Kolbengeschwindigkeit die Zündung früher eingeleitet werden, als bei geringerer.

Weil technische und wirtschaftliche Güte bei der Regelung durch Zündungsverstellung nicht in Einklang zu bringen sind, so erstreben die üblichen Arten der Regelungsbetätigung entweder den einen Vorzug auf Kosten des andern, oder sie suchen irgend einen Ausgleich herbeizuführen.

Einen nahezu völligen Verzicht auf die Regelwirkung der Zündungsverstellung findet man bei ortfesten Motoren, wozu Automobilmaschinen in neuerer Zeit in einem nicht unerheblichen Umfange herangezogen werden (Kleingewerbe; Erzeugung von elektrischem Strom). Eine Zündungseinstellung wird zwar vorgesehen, jedoch nur zu einer gelegentlichen Unterstützung der Hauptregelung benutzt, als welche fast ausschließlich eine durch einen Schwungkugelregler verstellte Ansaugdrosselung dient. Befriedigende Wirkung der letzteren vorausgesetzt, wird auf diese Weise allen Anforderungen genügt, denn die Maschine arbeitet bei wenig veränderlicher Umlaufzahl und bedarf deshalb einer Zündpunktverlegung aus wirtschaftlichen Gründen nicht. — Eine der Wirkungsweise nach gleichartige, in baulicher Hinsicht jedoch verschiedene Regelungsanordnung fand sich früher bei Wagenmaschinen (Fiat, Daimler). Hier ist eine weitgehende Veränderung der Umlaufzahl nicht zu vermeiden, und demgemäß ist die Zündpunktveränderung einem Regulator übertragen worden. Dieser wirkt nicht etwa auf möglichste Erhaltung der Umlaufzahl hin, sondern ausschließlich auf Erzielung bester Wirtschaftlichkeit durch richtige, also der von der Ansaugdrosselung, dem Wegezustand usw. — bedingten Umlaufzahl entsprechende Zündungseinstellung. Letztere entfällt somit als eigentliches Regelverfahren, sie hinkt vielmehr einer andern Regelung nach, stellt also nur stets die gute Brennstoffausnutzung wieder her, welche durch die Verstellung der Drosselung oder durch Aenderung der Fahrbahn gestört wurde. — Auch dieses Verfahren setzt eine ausreichende Wirkung der Hauptregelung voraus.

Die überwältigende Mehrzahl aller Kraftwagen weist neben der Füllungsregelung eine völlig frei einstellbare Regelung durch Zündpunktverschiebung auf. Naturgemäß wird ein guter Fahrer auch in diesem Falle zum Zwecke der Brennstoffersparnis der ersten Regelung mit der zweiten so folgen, daß jederzeit die Höchstleistung aus einer gegebenen Füllung entwickelt wird. Erst wenn der Bereich oder etwa die Stetigkeit der Regelung durch Füllungsveränderung den Ansprüchen des Fahrbetriebes nicht genügen sollte, wird die Verstellung der Zündung mit Recht als Hauptregelung einspringen. Nicht zu verhindern ist dabei, daß der ungeübte Fahrer — und mit solchen wird stets zu rechnen sein — die Zündungsverlegung auch ohne diese Voraussetzung frei benutzt und dadurch eine unnötige Brennstoffvergeudung herbeiführt.

Einen Kompromiß hinsichtlich der Brennstoffausnutzung findet man bei Motorrädern, nämlich eine feste Einstellung des Zündpunktes. In diesem Falle kann die Abreißzündung durch die Kolbenbewegung eingeleitet werden. Auf unbedingte Wirtschaftlichkeit wird bei solchem Verfahren verzichtet, anderseits aber auch einer erheblichen Brennstoffverschwendung durch unerfahrene Wagenführer vorgebeugt, sofern eine mittelgute Frühzündung zur Anwendung kommt.

Schließlich sei noch erwähnt, daß man die Verstellung der Zündung auch durch das Gestänge des Ansaug-Drosselorgans bewirkt hat. Das bedeutet wiederum völligen Verzicht auf eine unabhängige und deshalb technisch wirksame Maschinenregelung durch Zündungsverstellung und hätte deshalb nur dann Berechtigung, wenn dadurch eine gute Ausnutzung des Brennstoffes gewährleistet würde. Das ist jedoch nicht der Fall. Nur wenn die Zündungsverstellung den Aenderungen der Umlaufzahl folgte, wäre Wirtschaftlichkeit vorhanden, d. h. wenn im vorliegenden Falle eine jede Drosselstellung einer bestimmten Umlaufzahl entspräche. Da aber die Schnelligkeit des Maschinenganges nicht nur durch die Ansaugdrosselung, sondern auch durch den jeweiligen Fahrwiderstand bestimmt wird, ein Gefährt also beispielsweise trotz unveränderter Stellung des Drosselungsorganes bergab schneller läuft, als bergauf, so ist diese Vorbedingung nicht erfüllt, die Vereinigung von Drosselungs- und Zündungsverstellung also nur bei nicht starker Veränderung des Wegezustandes im Mittel wirtschaftlich.

Die mannigfaltige Betätigung der Regelung durch Zündungsverstellung läßt zwar auf Bekanntschaft mit der grundsätzlichen Wirkung der Regelung schließen, macht jedoch Versuche über das Maß dieser Wirkung, insbesondere auch über den bisher noch nicht ermittelten Grad der bei Zündpunktverlegung in Kauf zu nehmenden Unwirtschaftlichkeit wünschenswert, um daraus Folgerungen für die praktische Verwendung ziehen zu können. Insbesondere wäre die Frage zu klären, wie weit etwa beim ortfesten oder Fahrbetriebe eine völlig freie Anwendung der Regelung nicht zu umgehen ist, welche Vorteile dadurch erzielt, welche Nachteile dabei in Kauf genommen werden müssen.

Die Regelung durch Füllungsänderung ist grundsätzlich wirtschaftlich, denn es handelt sich hier nicht, wie bei der Regelung durch Zündungsverstellung, um eine wechselnde Ausnutzung einer gegebenen Brennstoffmenge, sondern um eine Zumessung dieser Menge dem jeweiligen Arbeitsbedarf entsprechend. Ein unwirtschaftlicher Einfluß tritt allerdings auch hier auf, insofern bei abnehmender Füllung die Kompressionsdrucke sinken. Es ist zwar dagegen versucht worden, durch besondere bauliche Einrichtungen (z. B. Hülfskolben) trotz geringerer Ladungsmenge stets einen möglichst günstigen Verdichtungsdruck beizubehalten, die betreffenden zusätzlichen Konstruktionen würden jedoch den durch sie erreichten Vorteil bei Automobilmaschinen nicht aufwiegen.

Die bauliche Durchbildung der auf Füllungsänderung hinwirkenden Regelungseinrichtungen ist sehr mannigfach. Anpassung an die gegebenen Verhältnisse des zur Unterbringung dieser Einrichtungen dienenden Vergasers oder Ansaugrohres, Einfachheit in Form und Bedienung und geringer Bewegungswiderstand bei Regulatorantrieb sind die maßgebenden Gesichtspunkte der Entwicklung gewesen. In neuerer Zeit wird auch die Rückwirkung der hierher gehörigen Vorrichtungen auf den Vergaser mehr beachtet; eine Rückwirkung, welche dann auftritt, wenn eine Verstellung dieser Vorrichtungen den Unterdruck im Vergaser und damit, wie schon ausgeführt, die Gemischzusammensetzung beeinflußt.

Auffällig ist im praktischen Betriebe, daß so viele Regelungskonstruktionen für Füllungsveränderung außerordentlich unstet wirken; sie besitzen einen beträchtlichen nahezu toten Ausschlag und führen in anderer Lage wiederum allzu jähe Aenderungen im Gang der Maschine herbei.

Die Veränderung der Füllungsmenge wird entweder durch ein besonderes Drosselorgan oder aber (seltener) durch eine Beeinflussung des Einlaßventiles herbeigeführt. Ersteres wird in der Mehrzahl der Fälle im Vergaser untergebracht, weil man naturgemäß das Ansaugrohr gern frei von einer unnötigen Armatur hält; es wirkt auf den Ansaugdruck und damit auf die Gemischzusammensetzung. Alle im Maschinenbau benutzten Absperrorgane werden zur Füllungsänderung verwendet, und zwar am seltensten das Ventil, häufiger die Drosselklappe oder der Schieber. Letzterer findet sich in vielfacher Form: mit ebenen oder zylindrischen Schieberflächen, mit geradliniger oder drehender Bewegung vor; sogar zu Blenden, wie solche zu Verschlüssen photographischer Apparate herangezogen werden, hat man gegriffen. Ausschlaggebend für die Beurteilung der hierher gehörigen Konstruktionen ist — abgesehen von den schon erwähnten Gesichtspunkten genügender Einfachheit und leichter, auch einem Regulator möglicher Bedienung — die Frage, ob ein genügend weiter Regelungsbereich und Stetigkeit sowie Wirtschaftlichkeit der Regelung innerhalb dieses Bereiches zu erzielen ist.

Wie schon erwähnt, wird die Ansaugdrosselung ortfester Automobilmaschinen immer dann durch einen Schwungkugelregler bedient, wenn die Beibehaltung einer gewissen Umlaufzahl gewünscht wird. Fahrzeugmotoren dagegen bedürfen mit Rücksicht auf Wegezustand, Straßenverkehr und Einhaltung der Fahrzeit einer Beeinflussung durch die Hand des Wagenführers. Daneben hat man allerdings auch hier Regulatoren angewendet, aber doch nur in recht einfacher Weise: Empfindliche Anordnungen sind wegen der Wegestöße und plötzlichen Veränderungen der Fahrtgeschwindigkeit nicht empfehlenswert. Man hat daher durchweg auf eine stetige selbsttätige Regelung innerhalb der durch die Handregelung schon sowieso eng gezogenen Grenzen verzichtet und sich mit einfachen, widerstandsfähigen Regulatoren begnügt, welche im wesentlichen nur das Durchgehen der bei Auskupplung oder Talfahrt entlasteten Maschine verhinderten. Aber auch solche Regler läßt man neuerdings sehr häufig weg, arbeitet also wie bei Lokomotiven nur mit einer Handbetätigung. Das erwähnte, bei plötzlicher Abkupplung des Motors besonders unangenehme und gefährliche Durchgehen desselben wird dann dadurch verhindert, daß durch die ausschaltende Bewegung des Kupplungsgestänges die Gaszufuhr abgedrosselt wird. Naturgemäß muß die Verbindung dieses Gestänges mit dem der Drosselung so erfolgen, daß eine Bewegung des ersteren das letztere mitnimmt, während das Umgekehrte nicht eintritt, also eine Drosselung durch Hand ohne gleichzeitige Auskupplung möglich wird. Die Führung eines mit dem Drosselgestänge verbundenen Zapfens, Fig. 1, in dem Schlitz einer mit dem Kupplungsgestänge zusammenhängenden Stange ermöglicht, wie ohne weiteres ersichtlich, die Lösung dieser Aufgabe. Auch auf anderem Wege, mittels des sog. »Accelerators«, erreicht man das gleiche Ziel. Die Drosselungsvorrichtung kann dabei infolge

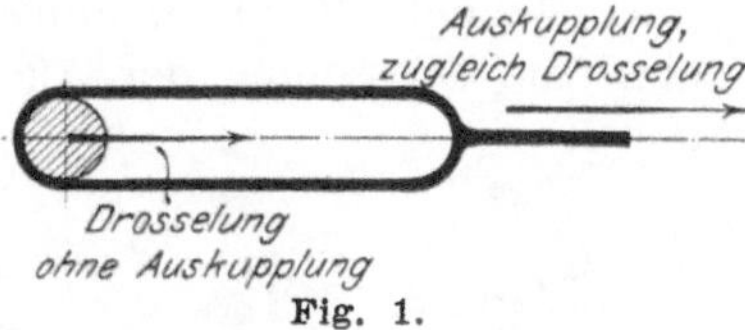

Fig. 1.

Einfügung eines federnden Gestängeteiles durch einen Hand- und außerdem durch einen Fußhebel verstellt werden; letzterer vergrößert bei seiner Vorwärtsbewegung den Umdrehungsbereich (daher »Accelerator«), innerhalb dessen ersterer die Feineinstellung übernimmt. Beim Auskuppeln springt der Fußhebel in seine Anfangslage, welcher also eine geringe höchste Umlaufzahl entspricht, zurück, so daß die Maschine nicht durchzugehen vermag.

Bei der Füllungsregelung durch das Einlaßventil sind zwei, hinsichtlich der Regelwirkung etwa gleichwertige, grundsätzliche Verfahren zu erwähnen, nämlich Gemischdrosselung durch verringerten Ventilhub bei unveränderter Oeffnungs- und Schlußzeit oder Beschränkung der Lademenge durch Frühschluß oder Nachschluß des Einlaßventiles bei unverändertem Hub. In letzterem Falle tritt während des Ansaugens keine Gemischdrosselung ein, eine Rückwirkung

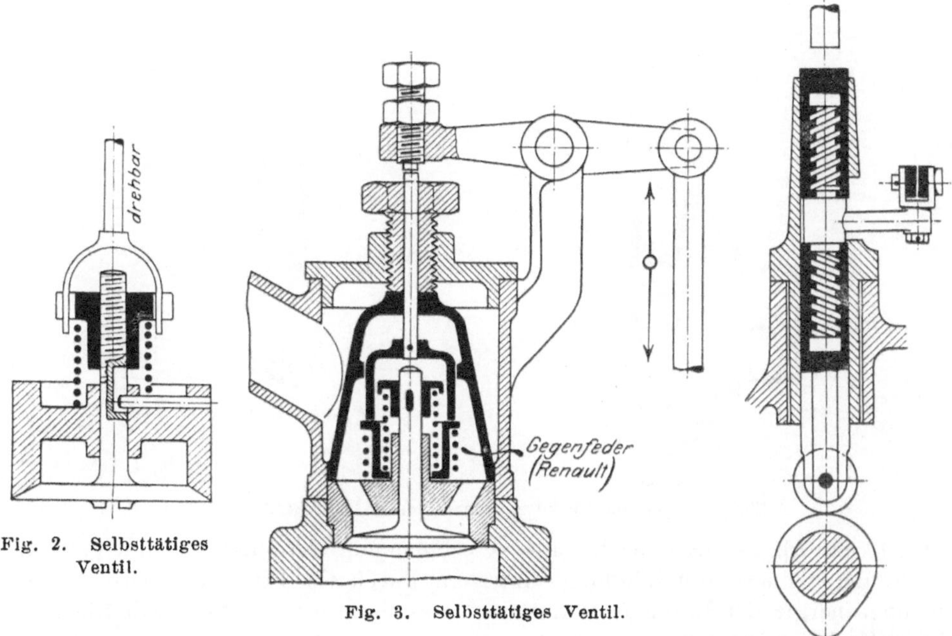

Fig. 2. Selbsttätiges
Ventil.

Fig. 3. Selbsttätiges Ventil.

Fig. 4. Stoßstangenlänge
veränderlich. (Métallurgique.)

auf den Vergaser findet also nur durch Beeinflussung der Ansaugschwingungen statt. Die Füllungsregelung durch das Einlaßventil führt durchschnittlich zu einer größeren baulichen Schwierigkeit, als die durch ein besonderes Drosselorgan und wird deshalb seltener verwendet; die soeben erwähnten grundsätzlichen Verfahren treten dabei selten für sich allein, sondern meist vereinigt auf.

In Fig. 2 bis 7 sind einige typische Konstruktionen zusammengestellt, welche der Erläuterung nicht bedürfen.

Im Interesse der Vollständigkeit sei bemerkt, daß auch das Auspuffventil als Regelungsorgan Verwendung gefunden hat. Es handelte sich dabei entweder um die teilweise oder gänzliche Zurückhaltung von verbrannten Gasen im Zylinder oder aber um eine Drosselung der Auspuffgase. Durch Zurück-

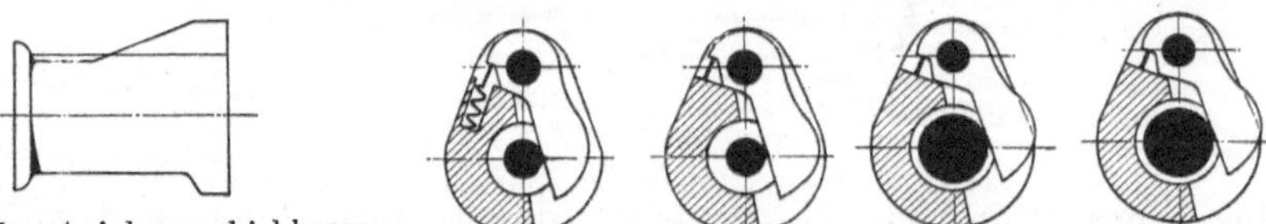

Fig. 5. Axial verschiebbarer Nocken mit veränderlichem Querschnitt. (Rover.)

Fig. 6. Konische Innenstange drückt bewegliches Daumenstück nach außen. (Koenig.)

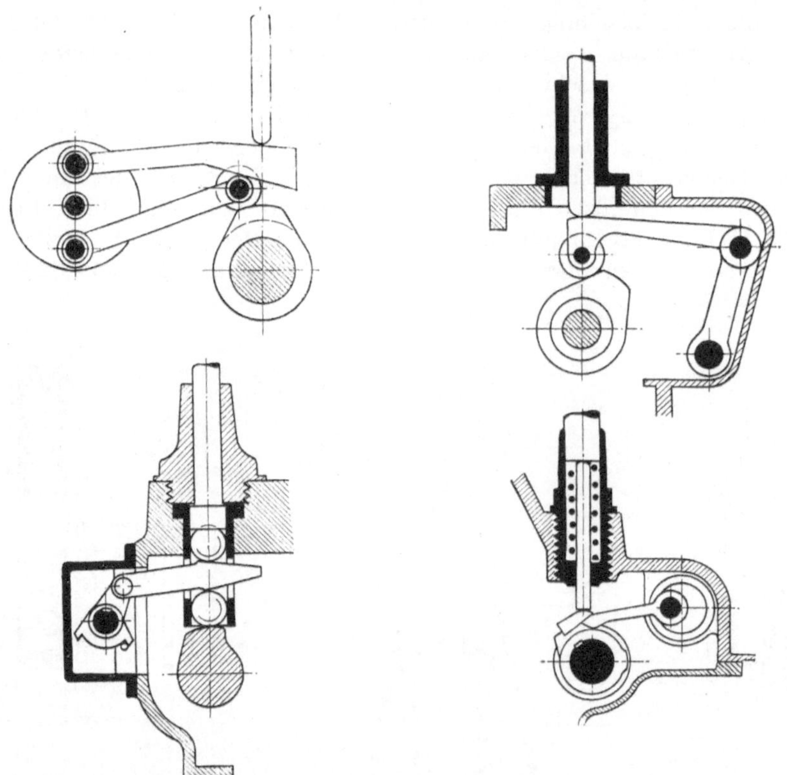

Fig. 7. Zwischenstücke zwischen Nocken und Stoßstange.

haltung der Abgase wird leicht eine Verschmutzung der Maschine und eine Erschwerung der späteren Zündung eintreten; durch Gasdrosselung wird die Bewegungsenergie der Maschine vermindert, was natürlich nicht wirtschaftlich ist. Beide Verfahren sind kaum mehr in Gebrauch.

Der gegenwärtige Stand der Regelung von Automobilmaschinen ist — kurz wiederholt — der, daß in der Mehrzahl aller Fälle die Regelungen durch Zündpunktverlegung und Füllungsveränderung vereint angewendet werden. Im Fahrbetriebe genügt das jedoch nicht den dort besonders weitgehenden Anforderungen an die Regelungsfähigkeit der Maschine, so daß man gezwungen ist, ein Wechselgetriebe zwischen Motor und Antriebsachse einzuschalten.

Unbefriedigend ist es, daß nähere Unterlagen über den technischen und wirtschaftlichen Wert beider Regelungsverfahren in ihren verschiedenen Bauarten mangeln, weil aus diesem Mangel eine in manchen praktischen Ausführungen zutage tretende Unklarheit über den Anwendungsbereich und die beste Art des Zusammenwirkens dieser Verfahren folgt. Unkenntnis herrschte fernerhin über den Zusammenhang der Regelungsdurchbildung mit dem Wirken des Wechselgetriebes.

Um in diesen Richtungen einige Aufklärung zu schaffen, hat der Verein deutscher Ingenieure dem Verfasser eine gewisse Summe zur Verfügung gestellt, welche zur Vornahme von Versuchen Verwendung gefunden hat.

Versuchseinrichtung.

Zur Verfügung stand ein Einzylinder-Automobilmotor von etwa 4 PS, dessen Zylinderbohrung = 90 mm, und dessen Kolbenhub = 100 mm betrugen Das Einlaßventil war selbsttätig, die Gemischbildung vollzog sich in einem normalen Sthénos-Vergaser (vergl. später Fig. 14). Dieser wurde zu möglichster Ausschaltung der Vergasereinwirkung auf die Versuchsergebnisse während der ganzen Versuchszeit beibehalten. Er gestattete ein Sinken der Umlaufzahl der Maschine bis auf 500 oder gar 400, ohne in der Gemischbildung zu versagen, und diese genügte für die Untersuchungen. Innerhalb des benutzten Bereiches der Umlaufzahl wird allerdings, wie eben auch im praktischen Betriebe, eine Aenderung der Gemischzusammensetzung eingetreten sein. Diese Aenderung, welche ja bei allen Versuchen gleichmäßig aufgetreten ist, wurde, um größere Schwierigkeiten zu vermeiden, nicht näher untersucht. Als Zündung war eine normale Batteriezündung vorgesehen, durch deren Verstellung die eine Art der Maschinenregelung gegeben war; die andre Art stellte eine Füllungsveränderung dar, welche ein im Ansaugrohr untergebrachter Drossel-Kolbenschieber ermöglichte. Bei der Ausbildung der Kühlung lag eine Schwierigkeit darin, daß hier zur richtigen Nachbildung der im praktischen Betriebe vorliegenden Verhältnisse der Unterschied zwischen der Kühlwirkung auf dem Stand und der während der Fahrt eigentlich hätte berücksichtigt werden müssen. Um das zu umgehen, wurde der Einfluß wechselnder Kühlung ausgeschaltet, indem man Unabhängigkeit der Kühlungstemperatur anstrebte. Bei Wasserbezug aus der Gebäudeleitung erwies sich das als nahezu unmöglich, da hierbei durch anderweitige Wasserentnahme erhebliche Druckschwankungen und damit Zufallsänderungen der Kühltemperatur eintraten. Es wurde daher ein besonderer Hochbehälter mit Einstellung des Wasserstandes durch Schwimmer angebracht, welcher im Verein mit einem auf Grund einiger Vorversuche entworfenen Zuflußventil eine genügend feine Einstellung der Kühlwassertemperatur — es wurde ein durchschnittlicher Schwankungsbereich zwischen 52 und 58° C zugelassen — erlaubte. Daß durch dieses Vorgehen erhebliche Abweichungen von den in Betracht kommenden Verhältnissen der Praxis nicht auftraten, ist aus Fig. 8 ersichtlich. Schaulinie 1 stellt darin den Verlauf der Leistung der Automobilmaschine bei verschiedenen, durch Belastungswechsel veränderten Umlaufzahlen dar, wobei die Ansaugdrosselung offen und die Zündung auf 6 mm Vorzündung fest eingestellt war. Der Kühlwasserzufluß wurde voll geöffnet und während des Versuches so belassen. Die dabei sich ergebende Veränderung der Kühlwassertemperatur ist aus Schaulinie 2 ersichtlich und liegt innerhalb einer Grenze von 2,5° C. Wiederholt man nun den Versuch unter Innehaltung der Temperatur auf 80°, 55° und 30°, so ergeben sich die Leistungskurve 3, sowie die der Deutlichkeit wegen nicht durchgezogenen, sondern nur durch ihre beobachteten Punkte (♦ und ◇) festgelegten Kurven. Die durch verschiedene Kühlwassertemperaturen hervorgerufenen Leistungsschwankungen sind also unerheblich und fallen sicherlich gegenüber den mannigfachen und teilweise völlig unkontrollierbaren Versuchsstörungen, von denen noch die Rede sein soll, nicht in das Gewicht. Das gilt umsomehr, als die im praktischen

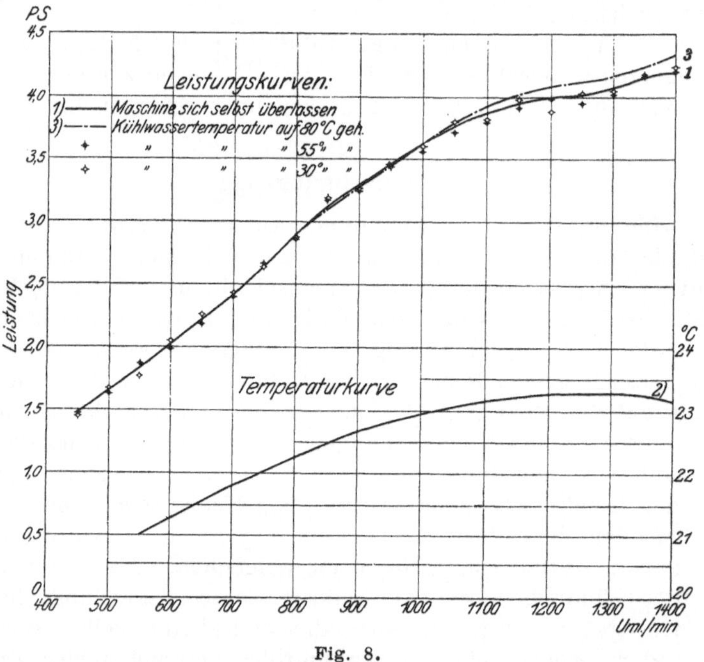

Fig. 8.

Betriebe sich einstellenden Temperaturgrenzen erheblich enger sind, als die des hier untersuchten Temperaturbereiches.

Die Belastung der Kraftmaschine erfolgte durch einen Gleichstrom-Generator mit unabhängiger Erregung aus dem Stadtnetz; seine Wirkungsgrade bei allen benutzten Leistungen und Umlaufzahlen wurden vorher im elektrotechnischen Laboratorium der Aachener Technischen Hochschule ermittelt und gelegentlich nachgeprüft. Manche Mühen hat die Kupplung zwischen Automobilmotor und Dynamo bereitet. Ursprünglich war eine feste (Scheiben-) Kupplung angebracht, um unmeßbare Kupplungsverluste zu vermeiden. Dabei ließ sich jedoch in Anbetracht des aus starken Profileisen hergestellten und infolgedessen für einen genauen Einbau wenig geeigneten Maschinenrahmens eine genügend genaue und dauernde Ausrichtung der Maschinen nicht erzielen, so daß Wellenklemmungen befürchtet wurden. Außerdem übertrug auch die feste Kupplung die Erschütterungen des Automobilmotors auf die Dynamo und veranlaßte unangenehme Schwingungen des ganzen Aufbaues. Es wurde daher nach einer in dieser Hinsicht besseren, beweglichen Kupplung gesucht, die auch den gerade bei den äußersten Regellagen besonders heftigen Erschütterungen gut widerstehen, keinen durch irgend welches Spiel hervorgerufenen Lärm verursachen und die Auswechselung ihrer verschleißenden Teile ohne Abbau der gekuppelten Maschinen gestatten sollte. Eine besonders konstruierte Lederbandkupplung erwies sich schließlich als geeignet.

Als Belastungswiderstände dienten Draht- und Lampenwiderstände, wobei letztere eine bequeme, genaue und allmähliche Belastungsänderung erlaubten. Das ist für Untersuchung einer Automobilmaschine wesentlich, da eine solche einer stoßweisen Veränderung des Widerstandes unstet folgt. Wie das in Fig. 9 verzeichnete Schaltungsschema zeigt, geschah das Anlassen des Benzinmotors durch Andrehen des Generators mittels Netzstromes; dann wurde mit Hülfe eines Umschalters der normale Betrieb eingeleitet. Fig. 10 gibt ein

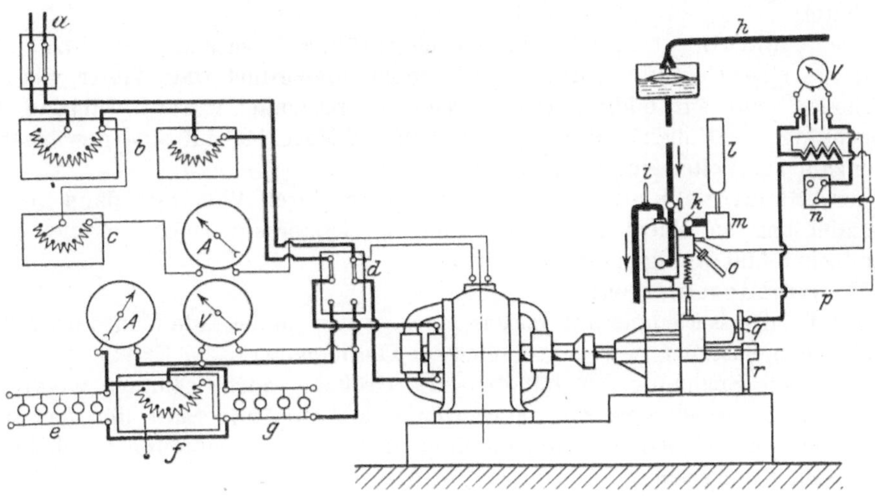

a Netz	*g* Lampenwiderstand	*n* Zündschaltung
b Anlaßwiderstände	*h* Wasserleitung	*o* Auspuff
c Erregerwiderstand	*i* Thermometer	*p* Masse der Maschine
d Umschalter	*k* Drosselorgan	*q* Unterbrecher
e Lampenwiderstand	*l* Benzinmeßgefäß	*r* Tachometer
f Drahtwiderstand	*m* Vergaser	

Fig. 9.

Fig. 10. Versuchstand.

Bild des Versuchstandes, dessen Aufbau im elektrotechnischen Laboratorium Hr. Geheimrat Grotrian in liebenswürdiger Weise gestattete und unterstützte.

Gemessen wurden:

Die Spannung und Stromstärke durch Präzisionsmeßgeräte, welche die Allgemeine Elektricitäts-Gesellschaft entgegenkommend zur Verfügung gestellt hatte;

die Umlaufzahl mittels eines nachgeprüften Hornschen Umlaufzählers, welcher in einer Geradführung so verschiebbar angeordnet war, daß er, um ihn zu schonen, nur zur endgültigen Ablesung eingeschaltet wurde, während die Beobachtung der Umlaufzahl beim Einregeln der Maschine auf eine gewünschte Umlaufzahl am Voltmeter erfolgte;

der Benzinverbrauch, und zwar zuerst durch Wägung, dann durch Skalenablesung an einem geeichten Standglas; letzteres Verfahren erwies sich als einfacher und war genügend zuverlässig.

Kontrolliert wurden:

Die Kühlwassertemperatur mittels eines in das abfließende Kühlwasser der Maschine eingelassenen und fein geeichten Thermometers, die Erregungsstromstärke und die Spannung der Zündbatterie, Größen, welche sämtlich möglichst unverändert zu erhalten waren. Fernerhin: Die Raumtemperatur und das spezifische Gewicht des Benzins, um dadurch vielleicht über störende Erscheinungen Aufschluß zu erhalten.

Berechnet wurde:

Die Effektivleistung der Automobilmaschine aus Spannung, Stromstärke und Wirkungsgrad der Dynamo.

Kritik der Versuchseinrichtung.

Störungen.

Die zur Vornahme der Versuche bewilligten Mittel waren naturgemäß begrenzt und außerdem unter der Voraussetzung zur Verfügung gestellt, daß die Hauptteile der Einrichtung, also Automobilmaschine und Generator, vorhanden seien. Erstere besaß nur Batterie-, nicht Magnetzündung und außerdem ein selbsttätiges, nicht gesteuertes Einlaßventil. Nun ist ja die Notwendigkeit, das Saugventil von Automobilmotoren zu steuern, noch nicht allgemein und unbedingt anerkannt; sowohl bei Fahrzeug- wie besonders bei ortfesten Maschinen werden noch ungesteuerte Einlaßventile angewendet. Erwünscht wäre es aber immerhin gewesen, auch das weiter verbreitete gesteuerte Ventil behufs Ermöglichung eines Vergleiches zu untersuchen; ebenso, wie auch eine Prüfung der Magnetzündung schätzenswert gewesen wäre. So galt es leider, sich auf ein enger begrenztes Untersuchungsgebiet zu beschränken. Der ursprünglich noch in Aussicht genommene Umbau des Motors für Magnetzündung und gesteuertes Einlaßventil wurde unmöglich, da die Maschine durch die Versuchsstrapazen schadhaft geworden war. Hervorgehoben sei aber, daß die mit dem selbsttätigen Einlaßventil und der Batteriezündung gefundenen Ergebnisse zwar nicht zahlenmäßig, aber doch der Art nach auf das gesteuerte Einlaßventil und die Magnetzündung übertragbar sind.

Als weiterer Mangel der Einrichtung ist die Art der Abbremsung zu bezeichnen, welche ja eine Berücksichtigung des Wirkungsgrades der Dynamo nötig machte; ein Generator mit Pendelgehäuse wäre vorzuziehen gewesen. Wichtig war es in anbetracht des noch im folgenden näher zu besprechenden unsteten Verhaltens der Automobilmaschine, sämtliche Ablesungen schnell und einheitlich vorzunehmen. Ursprünglich geschah die Bedienung der Einrichtung durch zwei Herren, von denen einer sich der motorischen, der andre sich der Bremseinrichtung annahm. Aus dem angegebenen Grunde mußten jedoch bald alle Bedienungshebel und Instrumente so zusammengedrängt werden, daß ein Herr allein die Bedienung übernehmen konnte. Es hätte sich gelohnt, selbst aufzeichnende und durch einen elektrischen Kontakt einschaltbare Geräte anzuwenden.

Betriebsstörungen aller Art haben die Versuche erschwert und gingen im wesentlichen aus der Empfindlichkeit der schnellaufenden Gasmaschine, insbesondere aus der sich aus der Gemischbildung und Zündung ergebenden Empfindlichkeit hervor. Häufige Wiederholungen sind infolgedessen zur leidlichen Sicherstellung auch der einfachsten Ergebnisse nötig gewesen, und man sieht es letzteren nur in wenigen Fällen an, welche Zeit sie gekostet haben. Die Geduld, mit welcher mein Assistent, Ingenieur G. Weiß, sich des Versuchsstandes angenommen hat, und seine wachsende versuchstechnische Erfahrung waren nötig und verdienen gerühmt zu werden.

Die Versuchstörungen lassen sich in zwei Gruppen teilen, deren erste etwa Augenblickstörungen umfaßt, d. h. unkontrollierbare, plötzlich auftretende Erscheinungen, wie Verschmutzungen der Vergaserdüse, der Zündstelle, des Unterbrecherkontaktes, jäh sich festsetzende Verschmutzung des Auslaßventils, Hängenbleiben des Einlaßventils, Schwankungen der aus dem Stadtnetz hergeleiteten Erregung usw. Bietet es schon Schwierigkeiten, solche Fehler überhaupt nachzuweisen, so ist es durchschnittlich ausgeschlossen, ihrem Einzeleinfluß zahlenmäßig nachzugehen. — Als Störungen einer zweiten Gruppe könnten solche bezeichnet werden, welche allmähliche Aenderungen des Maschinenzustandes bezw. Aenderungen durch gelegentliche Nachstellungen, Ersatz abgenutzter Teile usw. in sich schließt. Hier wären die mannigfachsten Ursachen aufzuzählen:

Schwankungen der Lufttemperatur und Feuchtigkeit und damit der Gemischbildung;

durch verschiedene Belastungen und Arbeitszeiten hervorgerufene Veränderungen des Wärmezustandes des Motors, der Dynamo (Einfluß auf deren Wirkungsgrad) und der Widerstände;

Wechsel der Beschaffenheit der verbrauchten Stoffe (Benzin, Schmieröl);

Abnahme der Zündbatteriespannung;

Allmählich entstehende Verschmutzungen der Kolbenringnuten sowie der Ventile (aus beiden folgend Kompressionsänderungen), fernerhin der Benzinsiebe und -düse;

Abbrennungen der Zündkerze, des Zündkontaktes und des Kompressionshahnes (Aenderung der Kompression);

Nachlassen der Ventildichtungen (Kompressionsänderungen) und der Nadeldichtung im Vergaser;

Nachlassen der Spannung der Zündkontakt- und Ventilfedern sowie der Kolbenringe;

Ausleiern des Triebwerkes und der Ventilspindelführungen, Stauchen der Auspuffspindel, Zerhämmern des Einlaßventils, Lockerung aller Schrauben, Abnutzung des Kollektors und der Bürsten der Dynamo;

Nachstellung der Triebwerkteile, der Benzindüse, des Zündkontaktes, des Kupplungsriemens;

Ersatz des Einlaßventils, des Kupplungsriemens sowie der Triebwerks- und sonstigen Steuerungsteile.

Man sieht: Ursachen zu plötzlichen oder in größeren Zeitabschnitten eintretenden Veränderungen in der Versuchseinrichtung liegen in genügender Menge vor, und die große Zahl dieser Ursachen ist es auch, die die Beurteilung einer beobachteten Veränderlichkeit erschwert oder ganz unmöglich macht.

Fig. 11 gibt ein Bild der durch Augenblickstörungen hervorgerufenen Leistungsschwankungen. Die Maschine ist dabei mit offener Drosselung und

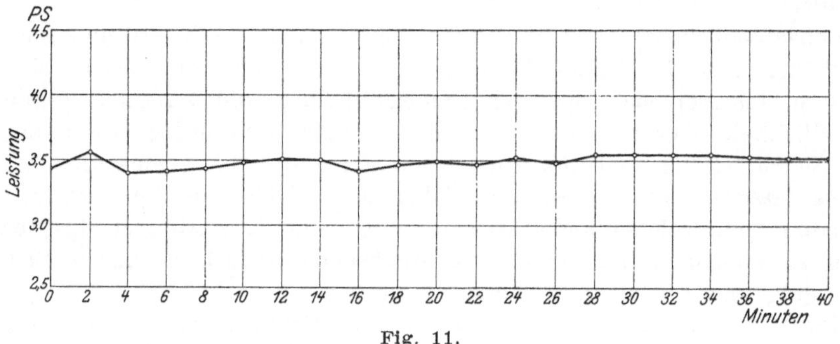

Fig. 11.

fester Vorzündung (6 mm) angelassen, und ihre Belastung so eingeregelt worden, daß sich die Umlaufzahl auf 1000 belief. Diese Vorbereitungen haben etwa eine Minute gewährt; dann hat die Beobachtung eingesetzt. Alle zwei Minuten ist Leistung, Umlaufzahl und Kühlwassertemperatur der sich völlig selbst überlassenen Maschine abgelesen worden. Die Schwankung der Temperatur hat innerhalb eines Grades Celsius gelegen; die Umlaufzahl ist infolge der Augenblickstörungen gelegentlich bis 900 gefallen und dann selbsttätig wieder gestiegen; die Leistungskurve ist aus Fig. 11 ersichtlich. Werden die Einlaufschwankungen nicht berücksichtigt, sondern nur die späteren, so beträgt der Leistungsausschlag etwa 0,13 PS, also nahezu 4 vH der Mittelleistung. Das stellt etwa den günstigsten, nur bei gut gehendem Motor und hoher Belastung erreichbaren Prozentsatz dar. Die durch Augenblickstörungen veranlaßten Schwankungen der Leistung des gedrosselten oder mit Spätzündungen arbeitenden Motors sind erheblich größer.

Eine Ergänzung zu Fig. 11 bietet Fig. 12, in welcher die Störungseinflüsse bei veränderlichen Umdrehungen dadurch dargestellt sind, daß der sonst völlig unbeeinflußte Motor durch wechselnde Belastung zu dreimaligem Steigen und Sinken der Umlaufzahl veranlaßt wurde. Die Abweichungen der so beobachteten 6 Schaulinien bringen aufs neue die Augenblickstörungen zur Anschauung.

Die Beeinflussung der Versuchsergebnisse durch allmähliche Veränderung des Zustandes der Versuchseinrichtungen sowie durch hin und wieder nötig werdende Nachstellungen oder Ersatz verschlissener Teile läßt sich, wie bemerkt, nur in wenigen Fällen nachweisen, von denen einige über den Grad dieser Beeinflussung Aufschluß geben mögen.

Unerheblich wirkt die allmähliche Abnahme der Zündbatteriespannung auf die Maschinenleistung, Fig. 13. Die einen Kurvenpunkte entsprechen einem Versuche mit einer Batterie von 3 Zellen (5,9 V), die andern einem solchen mit einer Batterie von 2 Zellen (4,1 V). Der Spannungsunterschied 5,9—4,1 = 1,8 V ist weit größer, als er bei Spannungsabnahme einer Zündbatterie im praktischen Betriebe vorkommen kann, und doch sind die durch ihn hervorgerufenen Leistungsabweichungen, über deren Gesetz der anspruchslose Hülfsversuch keinen Aufschluß gibt, außerordentlich gering. Einflußreicher, wie nicht anders zu erwarten, ist schon eine geringfügige Nachstellung des Innenkegels der Sthénos-Vergaserdüse, Fig. 14. Erteilt man diesem nur $^{1}/_{12}$ Umdrehung aus seiner der Höchstleistung entsprechenden Lage heraus, was in Anbetracht des feinen Gewindes der Verstellungsschraube einer Axialverschiebung von nur etwa 0,025 mm entspricht, so sinkt die Leistungskurve schon in dem aus Fig. 15

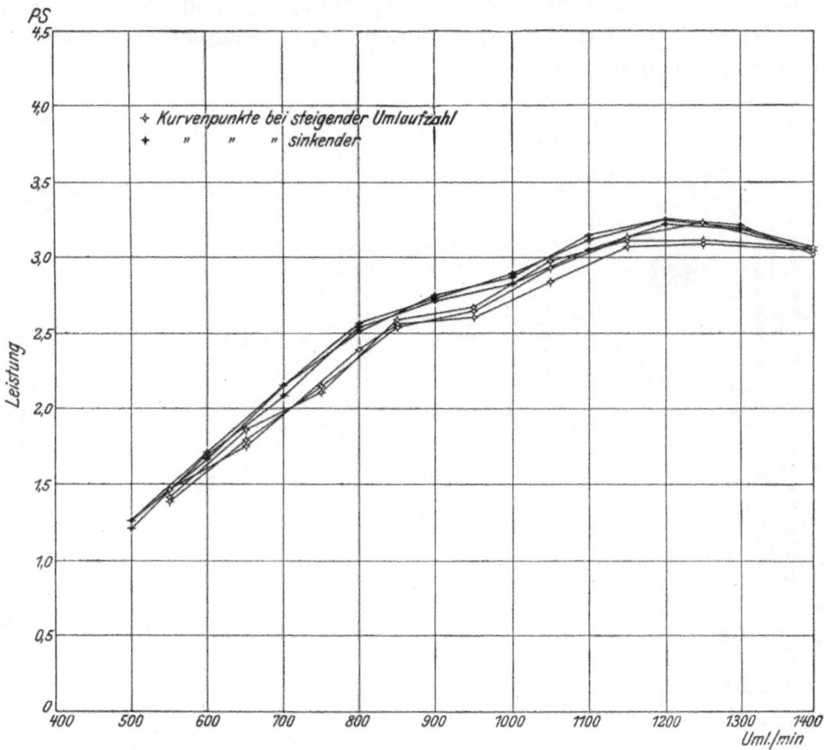

Fig. 12.

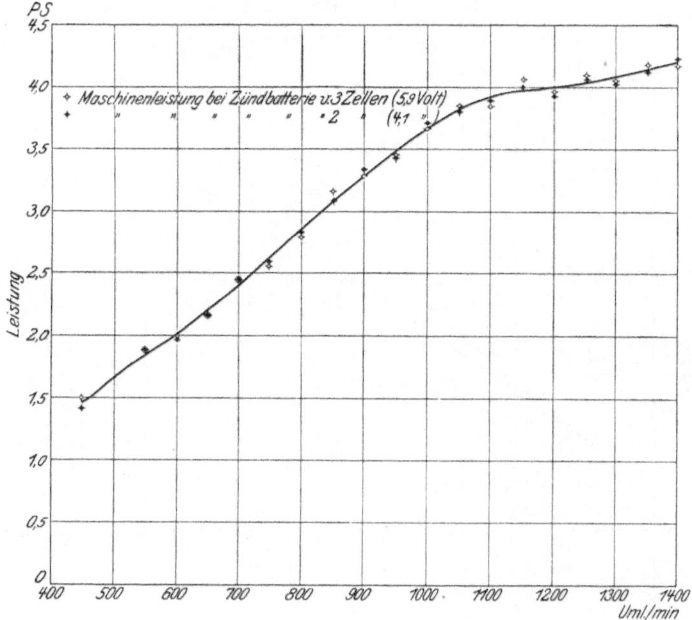

Fig. 13.

ersichtlichen Maße. — Nicht minder stark äußerten sich schon geringfügige Verstellungen des Unterbrecherkontaktes, Fig. 16; vergl. auch Fig. 17. Der Unterschied beider Leistungslinien ist durch eine $^3/_8$-Drehung gleich einer 0,32 mm betragenden Axialverschiebnng der Kontaktschraube hervorgerufen worden, wobei neben der Veränderung der Federspannung auch die Formänderung der Kontaktfeder und die dadurch bewirkte Zündpunktverlegung von einer gewissen Einwirkung gewesen sein wird.

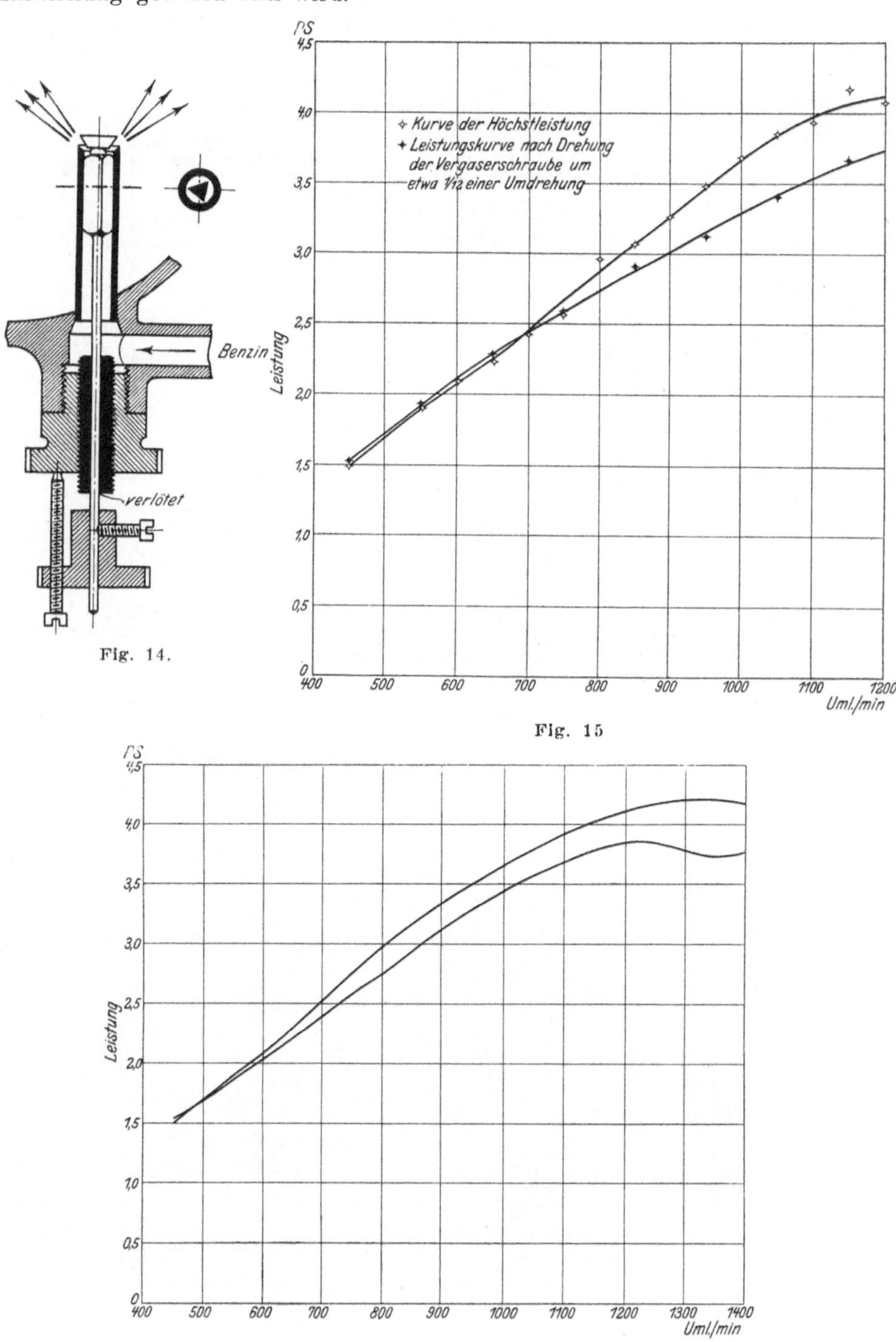

Fig. 14.

Fig. 15

Fig. 16.

Fragt man sich nun, was aus den besprochenen, nur zum geringsten Teile einwandfrei festzustellenden oder gar zahlenmäßig zu verfolgenden Störungen für die Verarbeitung und Beurteilung der Versuchsergebnisse folgt, so wird man feststellen müssen:

Die Augenblickstörungen werden unstete Punkte der stetigen Leistungs- und Verbrauchskurven liefern. Solche Punkte können dadurch ausgeschaltet werden, daß durch Wiederholung der betreffenden Versuche so viel stetige Punkte des in Frage kommenden Kurvenstückes erhalten werden, daß sich eine Mittelkurve mit genügender Sicherheit zeichnen läßt. Demgemäß ist denn auch verfahren worden. Alle nachfolgenden Schaulinien stellen solche Mittelkurven dar, zu deren genauerer Festlegung an Stellen stärkerer Punktverstreuung das Schwerpunktverfahren Verwendung gefunden hat.

Die Aenderungen im Zustande der Versuchseinrichtungen, welche sich im Laufe der Zeit herausbildeten oder welche durch notwendig werdende Nachstellungen und Neuersatz abgenutzter Teile herbeigeführt wurden, bewirkten, daß Schaulinien, welche bei sonst völlig gleicher Einstellung der Versuchsanlage, jedoch zu nicht unerheblich verschiedenen Zeiten genommen wurden, möglicherweise zwar gleichen Charakter, aber verschiedene Höhenlagen erhielten. Kommt es also darauf an, eine Versuchsreihe zu erhalten, deren einzelne Ergebnisse miteinander zahlenmäßig verglichen werden sollen, so muß eine solche in möglichst kurzer Zeit durchgeführt und unbedingt wiederholt werden, wenn, wie das bei Automobilmaschinen leider oft eintritt, die Versuchsstation sich in irgend einem Teile während der Durchführung einer Versuchsreihe erheblicher verändert.

Für die Beurteilung der Versuchsergebnisse aber gilt ganz allgemein, daß die erhaltenen Zahlenwerte nur innerhalb gewisser Grenzen gelten. Jede Automobilmaschine wird in dieser Hinsicht von der andern abweichen, und sei diese andre auch eine Schwestermaschine. Das Versuchsverfahren und seine von der Genauigkeit der Zahlen nicht abhängigen Ergebnisse werden den wertvolleren Teil der Untersuchung darstellen.

Vorversuche.

Um zunächst einmal allgemeinen Aufschluß über das Verhalten der durch die Regelung beeinflußten Automobilmaschine zu erhalten, wurde diese in dem Zustande gebremst, in welchem sie geliefert war, nämlich, wie schon angegeben, mit einer Regelung durch Zündpunktverlegung und einer Drosselung durch einen im Ansaugrohr untergebrachten Kolbenschieber.

Die jeweiligen Kolbenstellungen wurden auf dem Kupplungsflansch durch eine Skala sichtbar gemacht, zu deren sicherer Festlegung einerseits ein sich auf die Triebwerksabmessungen stützendes zeichnerisches Verfahren, andererseits eine Nachprüfung an der Maschine angewendet wurde. Nach Entfernung des Kompressionshahnes ließ sich hierzu die Kolbenlage durch eine auf den Kolben gestützte, gut senkrecht geführte Fahrradspeiche bequem beobachten. Mit Hülfe der Flanschenskala konnten dann durch praktischen Versuch (Beobachtung der herausgenommenen Zündkerze) die den Kolbenstellungen entsprechenden Zündungsstellungen der Unterbrecherscheibe bestimmt und auf einer weiteren Skala, I in Fig. 17, vermerkt werden, so daß nunmehr bekannt war, bei welcher Kolbenlage der Zündfunke übersprang. Gemessen wurden diese Lagen in mm **Kolbenweg vom Hubende.** Im folgenden bedeutet bei Angabe der betreffenden Zahlen ein

V.Z.: Vorzündung,   N.Z.: Nachzündung.

Diese Meßeinrichtung ist während der Versuche nicht mehr verändert, sondern nur hin und wieder nachgeprüft worden. Ihre Angaben sind nicht ganz genau, denn die, nur für eine Umlaufzahl der Maschine ermittelten Angaben über den Zeitpunkt der Zündung stimmen für andere Umlaufzahlen wegen der Massenwirkung des Unterbrechers und der Selbstinduktion nicht mehr völlig.

Der erwähnte, zur Füllungsregelung bestimmte Kolbenschieber im Ansaugrohr war ursprünglich durch einen Schwungkugelregler verstellbar. Diese Ver-

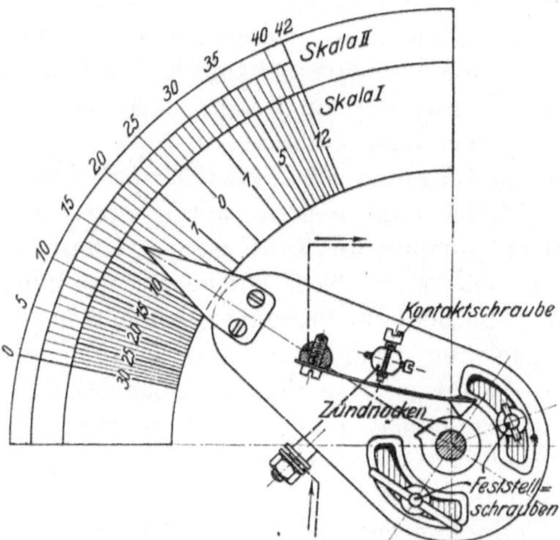

Fig. 17. Verstellung der Zündung.

Schnitt C—D.   Schnitt A—B.

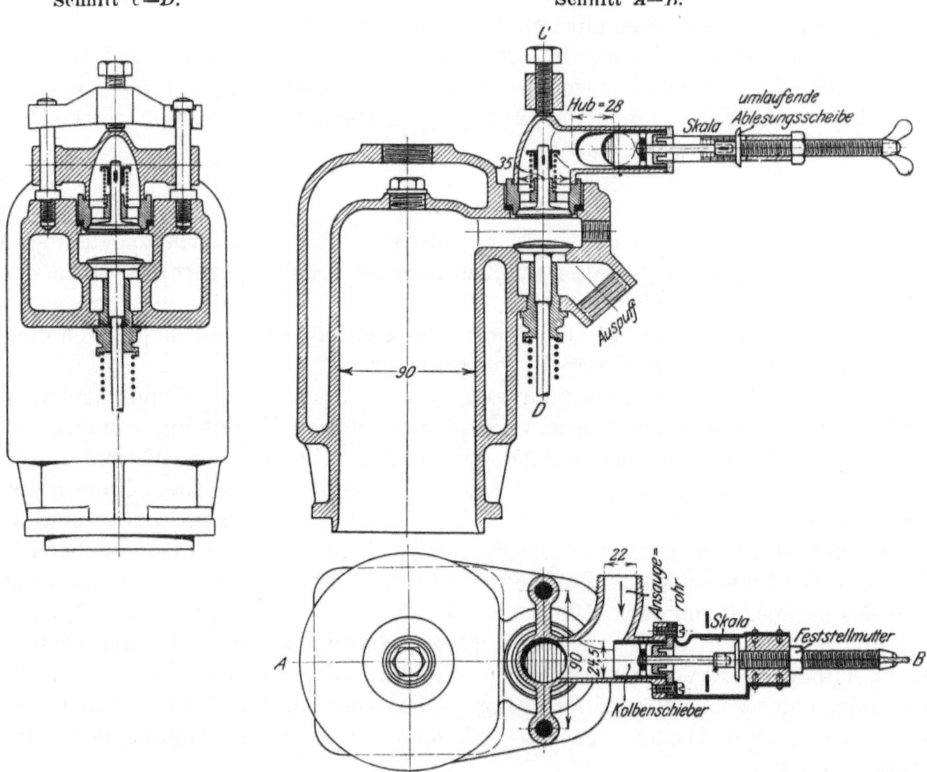

Fig. 18.

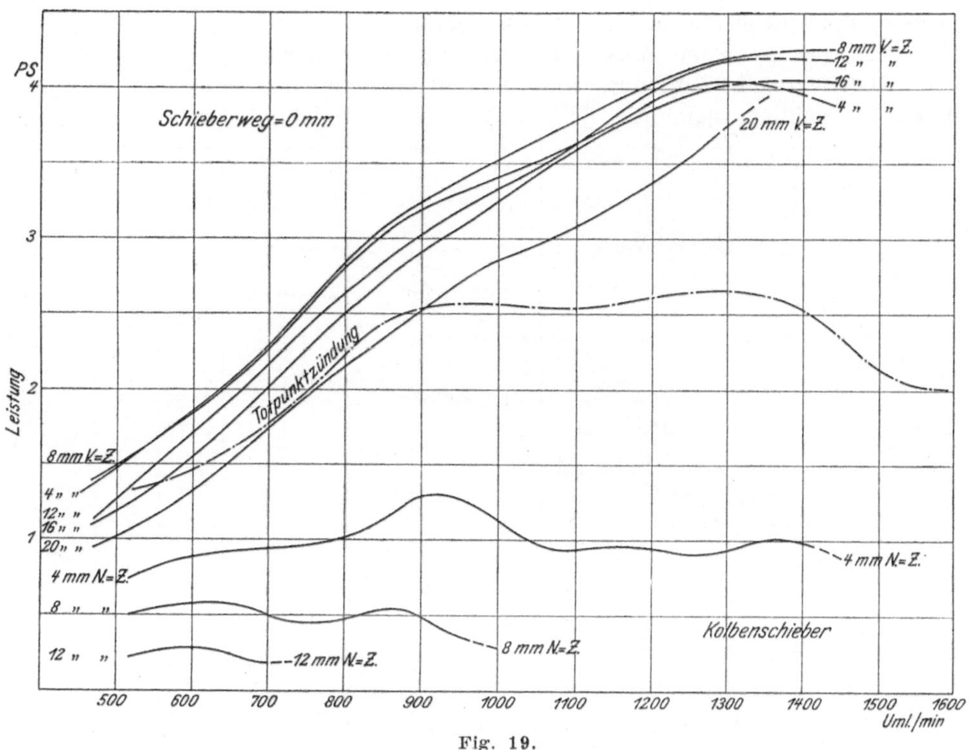

Fig. 19.

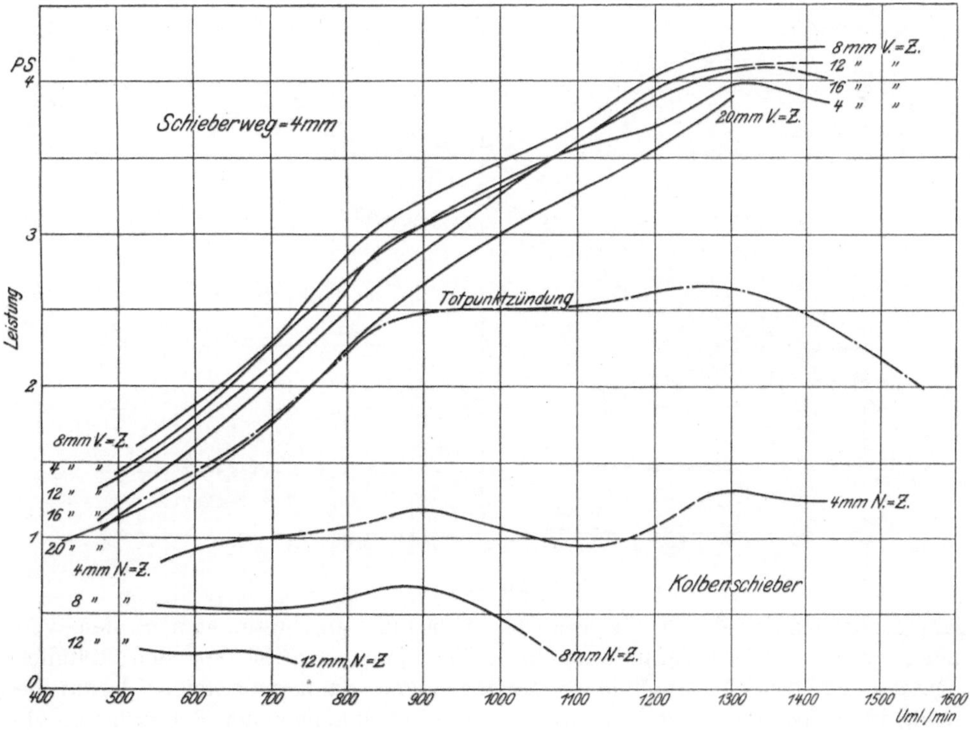

Fig. 20.

2*

stellung wurde durch eine Handbedienung ersetzt, bei der die Lagen des Kolbenschiebers außen an einer Skala sichtbar erschienen, Fig. 18.

Die so zugerichtete Maschine wurde nun folgendermaßen untersucht:

Man legte die Zündungs- und Drosselungsverstellung in bestimmten Lagen fest und ermittelte dann die Beziehung zwischen Effektivleistung und Umlauf-

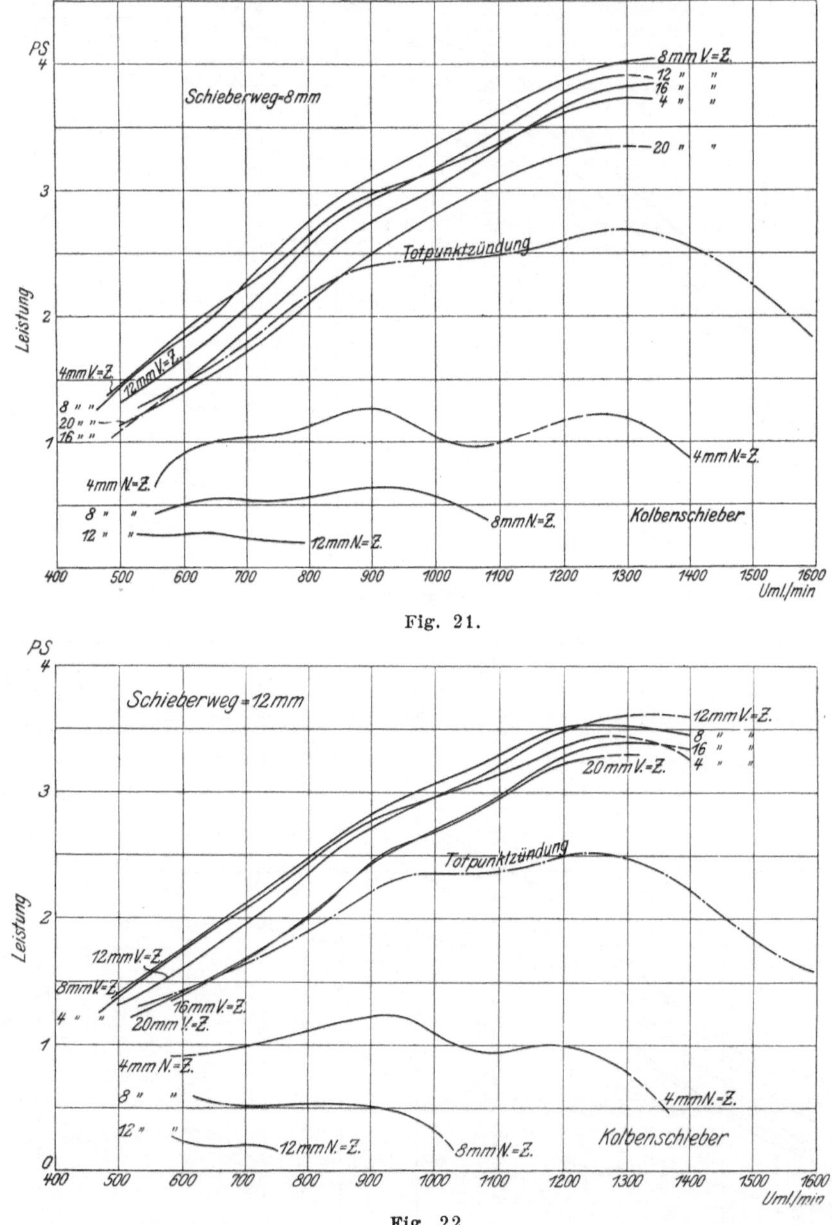

Fig. 21.

Fig. 22.

zahl, wobei letztere durch Wechsel der Belastung in bestimmten Stufen verändert wurde. Diese Veränderung ging in doppeltem Sinne vor sich, nämlich einmal unter stetiger Zunahme der Umdrehungen, dann, unmittelbar darauf folgend, unter Abnahme der Umlaufzahl. Die bei abnehmender Belastung eingeregelten Umlaufzahlen lagen zwischen denen, auf welche die Maschine bei

Belastungszunahme eingestellt wurde, so daß die mittlere Kurve mit größerer Sicherheit verzeichnet werden konnte. Bei Störungen trat, wie schon erwähnt, eine so oftmalige Wiederholung der Untersuchung ein, daß die einwandfreie Festlegung der Mittelkurve gewährleistet war. Ueber 1500 Uml./min. ging man nur in Ausnahmefällen hinaus, meist blieb man darunter; bei solchen Umlaufzahlen stellten sich störende, ja gefahrbringende freie Kräfte in der Maschine und damit Erschütterungen ein. Die niedrigsten Umlaufzahlen wurden beim

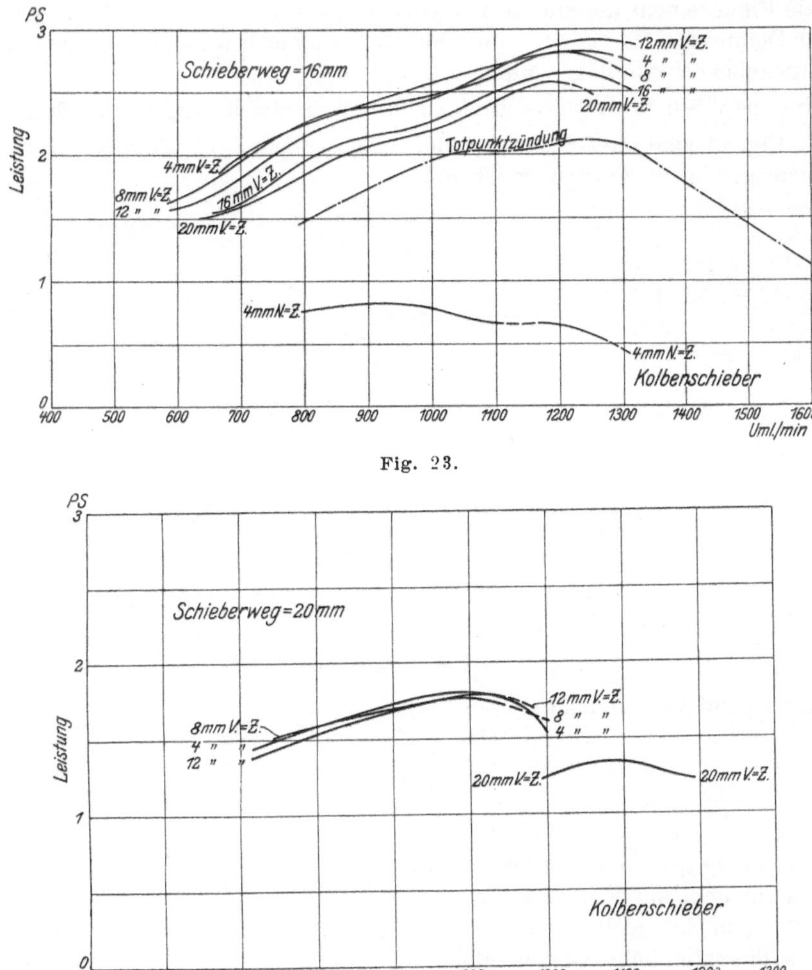

Fig. 23.

Fig. 24.

Versuchsbeginn so gering gewählt, als dieses der Vergaser zuließ; am Schluß des Versuches verminderte man sie so lange stetig, bis die Maschine stehen blieb. Jede Untersuchung fand nur nach völligem Einlauf des Motors, also nach Erreichung des Wärme-Beharrungszustandes statt.

Die durch einen Versuch gefundene Kurve

$$N_e = f(n)$$

entsprach, wie wir sahen, ganz bestimmten Stellungen der Zündungs- und Drosselungsregelung. Prüft man nun alle praktisch möglichen Kombinationen dieser Stellungen — natürlich in einer gewissen Stufenfolge —, so liegt der Einfluß beider Regelungsverfahren auf die Maschinenleistung zutage. — Dementsprechend ist denn auch vorgegangen worden. Der Drosselungsschieber ist aus seiner in Fig. 18 dargestellten Anfangslage in Absätzen von 4 zu 4 mm Schieberweg vorwärts geschoben worden, die Zündung wurde von der Totpunktstellung aus nach beiden Seiten, also zur Erreichung von Vor- und Nachzündung, von 4 zu 4 mm Kolbenweg verlegt.

Die Versuchsergebnisse sind in Fig. 19 bis 24 derart zusammengestellt, daß jede Figur einem auf ihr vermerkten Wege des Kolbenschiebers, gemessen von der Oeffnungsstellung aus, und jede Kurve einer bestimmten, in mm Kolbenweg angegebenen Zündlage entspricht.

Unsichere Stücke der Schaulinien sind durch Strichelung kenntlich gemacht.

In Fig. 25 sind die Grenzlagen des Schiebers und der Zündung untersucht, bei denen sich noch Kurven ergaben.

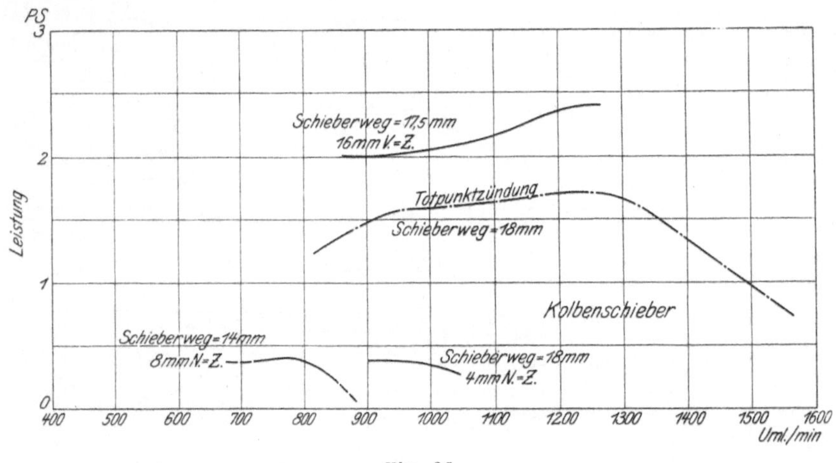

Fig. 25.

Auf Grund der Gleichung

$$N_e = \frac{p_i \, F \, S \, n}{2 \quad 60 \cdot 75} \, \eta_m,$$

worin

N_e in PS die Effektivleistung,

p_i in kg/qcm den mittleren indizierten Druck,

F in qcm die Kolbenfläche,

S in m den Kolbenhub,

n die minutliche Umlaufzahl,

η_m den mechanischen Wirkungsgrad

darstellt, läßt sich der Charakter der Versuchskurven an Hand folgender Erwägung deuten:

Bei gegebener Maschine ist

$$N_e = c \, p_i \, \eta_m \, n = c \, p_e \, n,$$

wenn c eine Konstante ist, und p_e der mittlere effektive Druck. Der Verlauf dieses Druckes und damit des Drehmomentes ist nun aus den in Fig. 19 und 23 verzeichneten Leistungslinien für einige typische Fälle rechnerisch ermittelt worden, nämlich für den voll geöffneten und für den um 16 mm vorgerückten Kolbenschieber; dabei wurden wiederum jedes Mal 3 Zündstellungen: eine Vorzündung von 8 mm, die Totpunktzündung und eine Nachzündung von 4 mm, untersucht, Fig. 26. Alle Momentenlinien zeigen, daß der mittlere Effektivdruck mit zunehmender Umlaufzahl bis zu einem gewissen Höchstwert steigt und dann abfällt, wobei die Lage des Höchstwertes und die Stärke der Steigung bezw. des Abfalls durch die regulierende Beeinflussung naturgemäß bestimmt werden. Nimmt man nun an, daß die mit steigender Umlaufzahl eintretende Ab-

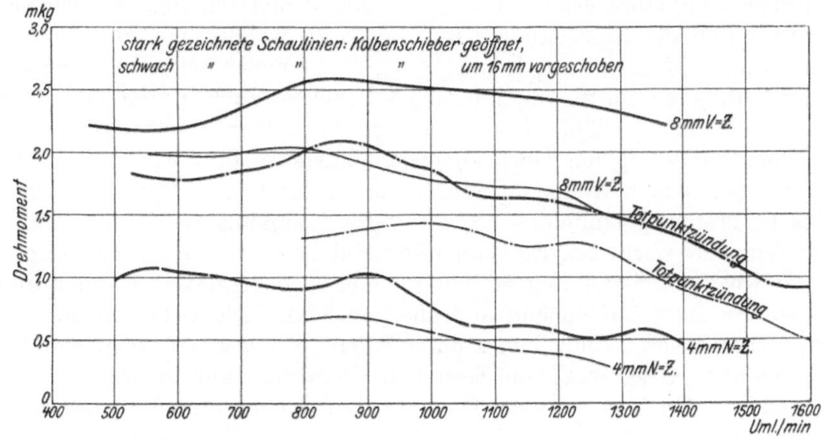

Fig. 26.

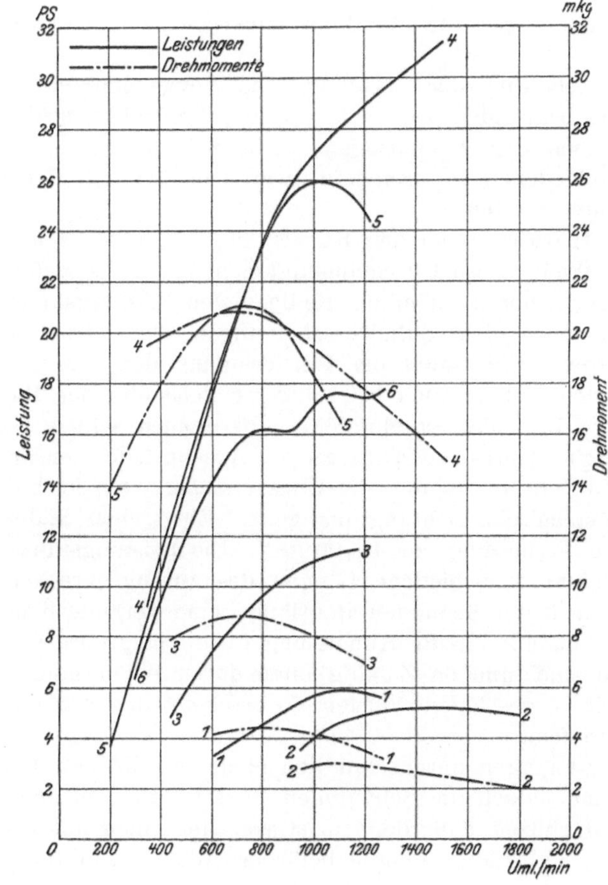

Maschinenabmessungen.

Nr.	Zylinder-zahl	Hub mm	Bohrung mm
1	1	110	100
2	2	80	75
3	2	130	110
4	4	125	105
5	4	125	105
6	4	121	105

nahme des volumetrischen Wirkungsgrades alle anderen Einflüsse so überwiegt, daß auch der mittlere indizierte Druck zunächst sinkt, so würde das
erste Steigen des Drehmomentes nur dadurch zu erklären sein, daß der mechanische Wirkungsgrad in dieser Periode mit der Umlaufzahl wächst. Ob und
in welchem Maße das zutrifft, kann nur durch Diagramm-Untersuchung mittels
des optischen Indikators ermittelt werden: eine Untersuchung, zu welcher im
vorliegenden Fall die Einrichtung mangelte, und welche vor allem außerhalb
des von vornherein gewählten Rahmens lag. Zu bedenken ist allerdings, daß
eine Hochhaltung des mittleren indizierten Druckes auch durch den Vergaser
bewirkt werden kann, denn dieser gab gemäß seiner Einstellung die vorteil-
hafteste Gemischbildung bei einer hohen Umlaufzahl; je mehr die wachsende
Umlaufzahl sich dem betreffenden Werte nähert, um so günstiger wird sich demnach das Diagramm gestalten. — Bei weiterer Erhöhung der Umlaufzahl sinkt
der volumetrische Wirkungsgrad immer erheblicher, und der mechanische Wirkungsgrad wird durch die Lagerreibung infolge gesteigerter Massenkräfte des
Triebwerkes in stark zunehmendem Maße gedrückt. Die Drehmomente müssen
also einen Höchstwert besitzen und dann fallen. — Der so gegebene Verlauf
der Momentenlinien legt auch die Gestalt der Leistungskurven fest. Diese sind
bei Vollbelastung in ihrem ersten Teil, also bei den unteren Umlaufzahlen, fast
geradlinig und erreichen einen Höchstwert, den man — wenigstens ungefähr
— dem normalen Betriebe zugrunde legen wird, der jedoch nicht dem Höchstwert des Drehmomentes entspricht; dann fallen die Kurven ziemlich schroff. Je
stärker die Drosselung, je ungünstiger die Zündung, um so flacher ist der
Kurvenverlauf.

Daß die besprochene Gestaltung der Leistungs- und Momentenlinien im
Wesen der Automobilmaschine begründet, also nicht nur der Versuchsmaschine
eigen ist, mag schließlich noch Fig. 27 darlegen. Die Schaulinien dieser
Abbildung sind an recht verschiedenen Motoren und zwar meist bei der Firma
Siemens & Halske aufgenommen worden.

Auffällig sind die Einsattelungen an den Kurven in Fig. 19 bis 24 und
demgemäß auch in Fig. 26. Wenn diese Unregelmäßigkeiten auch besonders
stark an den sowieso weniger sicheren, nämlich tiefliegenden Leistungslinien
vorhanden sind, so können sie doch nicht Zufallserscheinungen, also Versuchsstörungen zugeschrieben werden. Sie traten bei Wiederholung der Versuche
stets von neuem auf und finden sich ja auch bei stärkerer Belastung der Maschine. Da die Umlaufzahl die Lage der Sattelungen zu bestimmen schien, so
wurde vermutet, daß Schwingungserscheinungen der Ansaugsäule, hervorgerufen durch die Kolben- und Ventilbewegung, die Unregelmäßigkeiten herbei-
führten, für die eine thermodynamische Deutung mangelte. Ein kleiner Hülfsversuch, Fig. 28, schien diese Vermutung zu bestätigen. Die Leistungskurve
der Maschine wurde nämlich für verschiedene Längen des Ansaugrohres ermittelt, und es ergab sich je nach der benutzten Rohrlänge eine veränderliche
Lage und Gestalt der Einsattelungen. Da die Abmessungen des Saugrohrs von
Einfluß auf die Schwingungen sind, und da Zufälligkeiten durch Wiederholung
des Versuches nach Möglichkeit ausgeschaltet wurden, so erscheint die fragliche
Deutung der Kurvensattel zutreffend.

In Fig. 27 sind solche Sattelungen durchschnittlich nicht verzeichnet. Bei
den betreffenden Versuchen sind jedoch die Schaulinien in sehr kleinem Maß-
stabe aufgetragen worden und rühren außerdem meist von Maschinen mit gesteuerten Ansaugventilen her. Selbsttätige Ventile befördern die Sattelbildung,
wie aus Kurve 6 ersichtlich; der fragliche Motor besaß solche Ventile und lief
überdies nicht voll belastet.

Die Wirkung der Ansaugschwingungen war eine doppelte: einmal erschwerten sie Veränderungen der Umlaufzahl, verhinderten also, daß die Maschine einem Belastungswechsel schnell folgte. Dann schufen sie auch indifferente Zustände des Motors, in denen dieser auf einen oft erheblichen Belastungs-

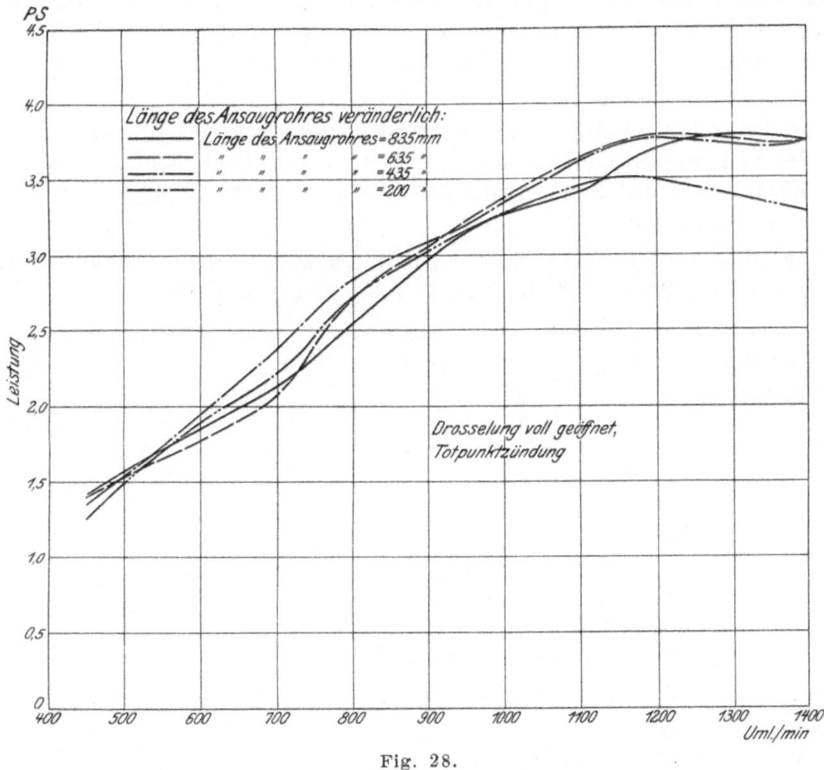

Fig. 28.

wechsel hinsichtlich der Tourenzahl dauernd nicht reagierte (Schwingungskoinzidenzen). Das selbsttätige Einlaßventil war, wie sich aus seinen Geräuschen entnehmen ließ, von großem Einfluß auf die störenden Schwingungen, so daß ein gesteuertes Ventil im Interesse stetiger Regelung unbedingt vorzuziehen ist.

Kritik der Vorversuche

Die gesuchte technische und wirtschaftliche Wirkungsweise der Regelverfahren läßt sich aus den Vorversuchen nicht nachweisen. Die auf letztere verwendete Zeit war so erheblich, daß innerhalb derselben beträchtlichere Aenderungen im Zustand der Maschine unvermeidlich waren. Damit verloren aber die Messungen an Wert, da sie Vergleiche nicht mehr zugelassen hätten.

Die Bestimmung der Wirtschaftlichkeit insbesondere war bei den Vorversuchen nahezu ausgeschlossen; eine dahingehende Ermittlung muß für jeden Kurvenpunkt zur Sicherung des Ergebnisses in längerer Versuchsdauer vorgenommen werden, und hätte, auf alle Kurven ausgedehnt, einen gewaltigen Zeitaufwand unerläßlich gemacht, wobei naturgemäß wiederum Zustandsänderungen des Motors in gesteigertem Maße zu befürchten gewesen wären.

Aber auch in technischer Hinsicht befriedigen die Vorversuche nicht. Sie bestätigen zwar, daß die wirtschaftlichste Zündstellung bei sonst unveränderter Maschine mit der Umlaufzahl wechselt, denn die den verschiedenen Zündstellungen entsprechenden Leistungslinien laufen nicht parallel, sondern überkreuzen sich; sie bekunden ferner, daß bei stetiger Verstellung der Zündung oder Drosselung die Leistung unstetig beeinflußt wird, da die entsprechenden Kurven mit wechselnden Abständen über die Blattebene verstreut sind. In welchem Maße aber die möglichen Stellungen der Reguliereinrichtungen die technische und wirtschaftliche Güte der Regelung bedingen, ist nicht klar erkennbar, denn der Einfluß der Regelung kommt nicht genügend scharf zum Ausdruck.

Abhülfe gegen all diese Mängel erwächst nun aus der Erwägung, welche Punkte der vielen Leistungslinien denn eigentlich praktisch benutzt werden, mit andern Worten, wie die Beziehung zwischen Belastung und Umlaufzahl der Maschine verläuft.

Hier muß scharf zwischen dem Fahrzeug- und dem Standmotor unterschieden werden. Stellen die in Fig. 29 aufgetragenen Kurven (1, 2, 3 und 4)

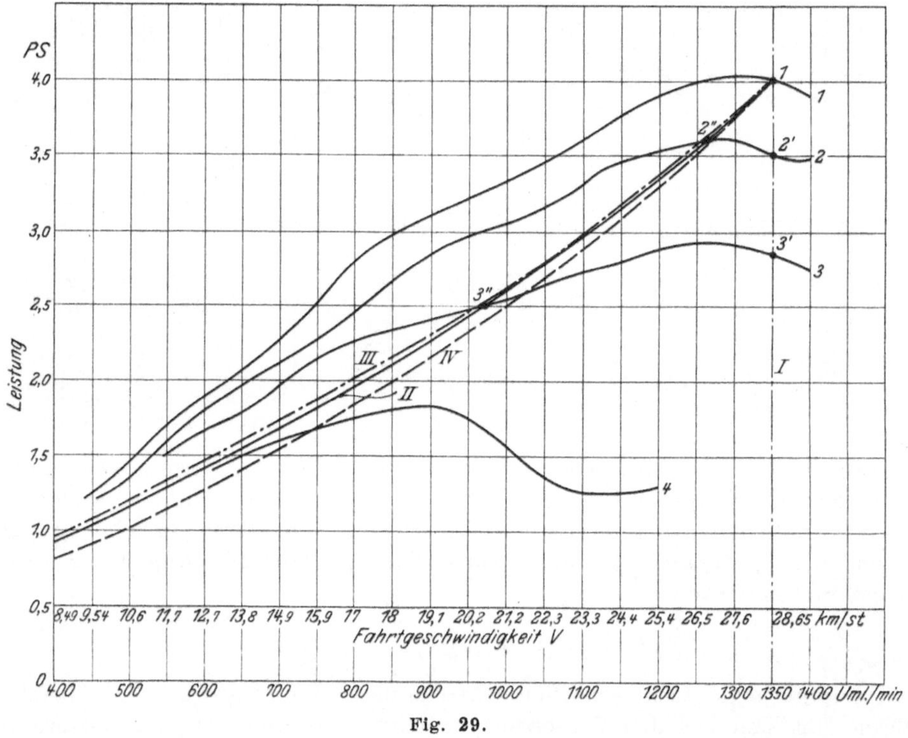

Fig. 29.

Leistungslinien für verschiedene Regelungsstellungen der Maschine dar, z. B. für verschiedene Drosselstellungen, so wird bei einem, auf unveränderliche Umlaufzahl regulierenden ortfesten Motor die Belastungslinie etwa durch die verzeichnete Gerade I gegeben sein, so daß deren Schnittpunkte mit den Leistungslinien (1, 2′ und 3′) die normal benutzten Punkte der letzteren wären.

Für Fahrzeugmaschinen ist die Belastungskurve durch die Abhängigkeit des Bewegungswiderstandes von der Fahrgeschwindigkeit und durch den jeweiligen Wirkungsgrad der Gesamtübersetzung zwischen Maschine und Antriebsrädern bedingt. Wenn nun über diese Größen eine gründliche Aufklärung auch noch nicht geschaffen worden ist, so ist ihre Erforschung doch möglich und schon in einzelnen Ansätzen versucht worden. Auch leidlich zutreffende Annäherungswerte sind bekannt[1]), von denen für den Fahrwiderstand W kg hier die Formel

$$W = 0{,}025\, G + 0{,}006\, V^2 F$$

herangezogen werden soll.

G kg bedeutet darin das gesamte Wagengewicht,
V km/st die Fahrgeschwindigkeit,
F qm die Windfläche,

annähernd dargestellt durch das Produkt aus Spurweite und größter Wagenhöhe über Vorderachs-Mitte.

Die Effektivleistung der Automobilmaschine N_e würde dann aus der Gleichung

$$N_e = \frac{W\,v}{75\,\eta} = \frac{W\,V}{270\,\eta}$$

folgen, wenn

v m/sk $= \dfrac{V}{3{,}6}$ wiederum die Fahrgeschwindigkeit,

η den Getriebewirkungsgrad

darstellen.

Für den vorliegenden Fall müssen naturgemäß Zahlenwerte in die Gleichungen eingesetzt werden. Es sei angenommen, daß die Versuchsmaschine für einen Wagen

vom Gewicht . . . . $G = 550$ kg
von einer Windfläche . . . . $F = 1{,}25$ qm

bestimmt sei, was etwa praktischen Verhältnissen entspräche, und es sei weiterhin der Wirkungsgrad $\eta \infty 0{,}6$ gesetzt.

Demnach würde

$$N_e = \frac{(0{,}025\, G + 0{,}006\, V^2 F)\,V}{270\,\eta} = 0{,}085\, V + 0{,}000046\, V^3$$

sein, eine Belastungslinie, welche in Fig. 29 durch die Kurve II mit ihren bei der Regelung praktisch benutzten Schnittpunkten 1, 2″ und 3″ dargestellt ist. Die Abszissenachse dieser Kurve, welche ja die Werte V km/st angibt, ist besonders aufgetragen; sie zeigt für den Punkt 1 eine Geschwindigkeit von 28,65 km/st. Da nun die Maschine, wie Kurve 1 angibt, bei der dem Punkte 1 entsprechenden Höchstleistung mit 1350 Uml. min läuft, so muß die Uebersetzung der Arbeitsübertragung so gewählt sein, daß dieser Umlaufzahl eben eine Fahrgeschwindigkeit von 28,65 km/st entspricht.

Etwaigen Bedenken gegen die Verwendung der angegebenen und nur ungefähr zutreffenden Widerstandsformel sei durch den Hinweis begegnet, daß hier am besten Mittelwerte, sofern sie nur leidlich stimmen, benutzt werden, es ja aber jedem freisteht, Fahrwiderstandskurven für den einzelnen Fall auf dem Versuchswege zu ermitteln; ein dazu geeignetes Vorgehen ist schon ausführlich bekannt gegeben worden[2]). Im übrigen sei betont, daß es sich im vorliegenden Falle in erster Linie um ein Versuchsverfahren handelt, welches auf Belastungslinien beliebiger Art anwendbar ist, daß aber auch aus der gewählten Fahrwiderstandskurve nicht etwa Versuchsergebnisse hervorgehen, deren Absolutwert erheblich bestritten werden könnte. Legt man nämlich in Fig. 29 durch den

[1]) Der Motorwagen 1907 Heft XXII u. XXIII.
[2]) »Der Motorwagen« 1907 Heft XIII u. XIV.

Punkt 1 Belastungslinien III und IV, welche den in der automobiltechnischen Literatur auch vertretenen Widerstandsformeln [1])

$$W = 0{,}04\, G + 0{,}0096\, V^2 F \quad \text{(Güldner)}$$

oder

$$\mathrm{II} = 0{,}025\, G + 0{,}0007\, V G + 0{,}0048\, V^2 F \quad \text{(Boramé-Julien)}$$

entsprechen, so ergeben sich mit den, wie noch ausgeführt werden soll, allein benutzbaren oberen Leistungskurven Schnittpunkte, die nur wenig von denen der Linie II abweichen. Dabei ist zu bedenken, daß diese letzten Widerstandsformeln vor allem für den Entwurf bestimmt sind und den Fahrwiderstand im Interesse der Sicherheit erheblich zu hoch beziffern [1]). Trotz ihrer großen Abweichung von den durch Linie II richtiger wiedergegebenen tatsächlichen Verhältnissen bewirken sie hier also nennenswerte Unterschiede nicht; nur eine andere Uebersetzung der Arbeitsübertragung würden sie, falls sie richtig wären, bedingen. Der Punkt 1 würde nämlich, wenn er als Endpunkt der

Linie III bezeichnet wird, einem $V = 22{,}75$ km/st
» IV » » » $V = 24{,}48$ »

entsprechen.

Werden von nun an die Linien I und II, Fig. 29, als Belastungskurven der ortfesten bezw. für Fahrzwecke verwendeten Versuchsmaschine betrachtet, so kann man die geschilderten Mängel der Vorversuche vermeiden, indem man nur noch den Schnittpunkten dieser Kurven mit den Leistungslinien 1 bis 4 nachgeht. Durch systematische Variation der Stellung der Reguliervorrichtungen werden Leistung und Umdrehungszahl auf die durch diese Schnittpunkte festgelegten Werte der Reihe nach gebracht, und die betreffenden Regelstellungen vermerkt. Man kann so den Einfluß der Regulierung sehr genau nachweisen, indem man hinreichend viele Punkte der Linien I oder II prüft; der dazu nötige Zeitaufwand ist verhältnismäßig gering, schließt daher erhebliche Veränderungen des Maschinenzustandes aus und gestattet die Bestimmung des Benzinverbrauches. Die technische und wirtschaftliche Wirkung der Regelung tritt außerdem besonders klar in die Erscheinung, denn nunmehr können die beobachteten Stellungen der Regelungseinrichtungen als Abszissen eines Koordinatensystems aufgetragen werden, dessen Ordinaten Leistung, Fahrgeschwindigkeit oder Brennstoffverbrauch darstellen.

So ist denn auch bei den Hauptversuchen verfahren worden. Ehe jedoch zu deren Besprechung übergegangen wird, möge die aus den vorhergehenden Erörterungen folgende

Beziehung zwischen der Maschinenregulierung und den Uebersetzungen des Wechselgetriebes

von Fahrzeugmotoren klargelegt werden.

In Fig. 30 ist durch eine Schar von Leistungslinien (1, 2, 3 u. 4), die wiederum mittels verschiedener Stellungen der Regelung gefunden sei, eine Belastungskurve A für Fahrt in der Ebene so gelegt worden, daß sie die Linie 1 in dem einer Umlaufzahl 1350 entsprechenden Punkte 1 trifft. Die Kurve A ist nach den gleichen Gesetzen und unter den gleichen Annahmen aufgestellt, wie die Kurve II in Fig. 29; ihre Abszissenachse, welche ja Fahrgeschwindigkeiten angeben muß, ist über der der Leistungslinien, welche Maschinentouren mißt, besonders verzeichnet. Wie ersichtlich, ist die Gesamtübersetzung der Arbeits-

---

[1]) »Der Motorwagen« 1907 Heft XXIII S. 665 u. f.

übertragung wiederum so bemessen, daß die Fahrtgeschwindigkeit bei 1350 Uml. des Motors 28,65 km/st beträgt. Nehmen wir nun einmal an, daß nur die den 4 Leistungslinien entsprechenden Stellungen der Regeleinrichtung, deren Art dahingestellt sei, möglich wären, so könnte man offenbar die Wagengeschwindigkeit nur auf die Werte 28,65, 26,7 und 20,53 einstellen, Abszissenwerte, welche den Schnittpunkten von A mit den Linien 1, 2 u. 3 zugehören. Ein Schnittpunkt A — 4 ist nicht vorhanden, vielmehr läuft die Leistungslinie 4 mit der Belastungskurve A so annähernd parallel, daß in dem betreffenden Geschwindigkeitsgebiet die Regelung versagt.

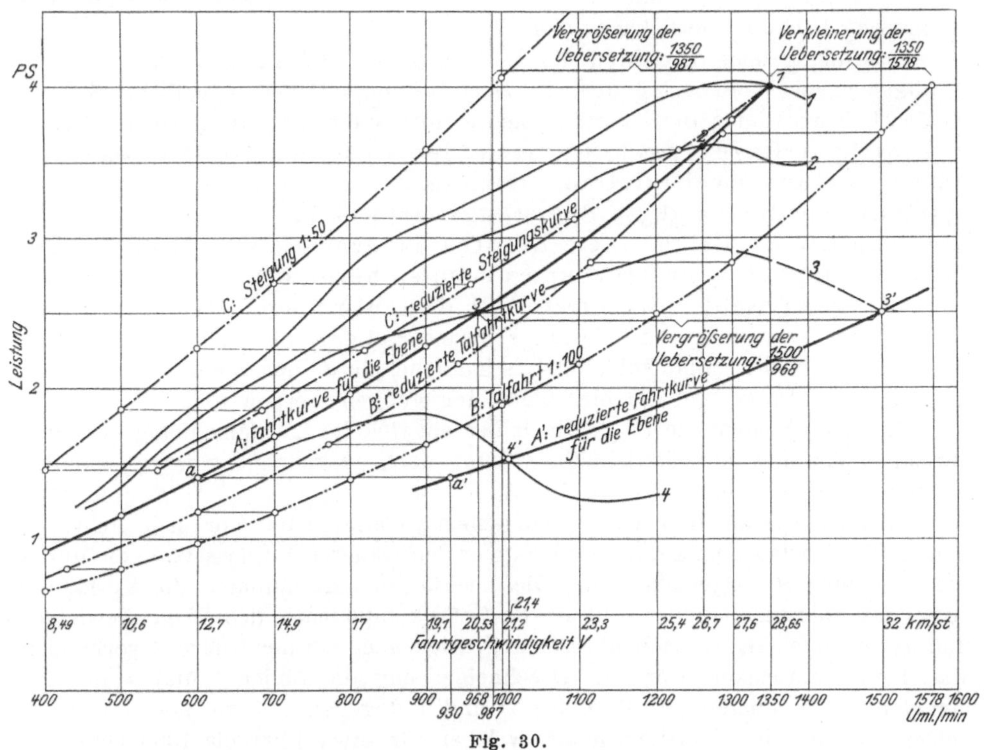

Fig. 30.

Eine Abhülfe ist jedoch möglich: die Wagerechte durch den Punkt 3 schneidet die Leistungslinie 3 noch einmal im Punkte 3', d. h. die Maschine leistet die zur Ueberwindung des bei 20,53 km/st auftretenden Fahrwiderstandes nötige Arbeit nicht nur bei 968, sondern auch bei 1500 Uml./min. Will man daher letztere Umlaufzahl benutzen, so braucht man die bisherige Gesamtübersetzung des Triebwerkes nur im Verhältnis $\frac{1500}{968}$ zu vergrößern. Die Beibehaltung der so veränderten Uebersetzung gestattet dann die Anwendung einer geringeren Fahrtschnelligkeit, als bisher. Die der jeweiligen Fahrgeschwindigkeit entsprechenden Belastungen der Maschine, welche vorher bei den durch Kurve A festgelegten Umlaufzahlen auftraten, werden jetzt bei höheren Umlaufzahlen gefordert, oder aber die Belastungslinie A muß nach rechts verschoben, und die Abszissen ihrer Umlaufzahlen müssen dabei im Verhältnis $\frac{1500}{968}$ vergrößert werden. Am Punkte a' der so aufzusuchenden »reduzierten« Fahrkurve A' ist das Aufsuchungsverfahren näher kenntlich gemacht: Durch den entsprechenden Punkt a der Schaulinie A ist nämlich eine Wagerechte gezogen, die Umlaufzahl 600 des Punktes a ist mit $\frac{1500}{968}$ multipliziert worden, was $\sim$ 930 ergibt, und die Ordinate in letzterem Punkte ist mit der erwähnten Wagerechten geschnitten worden. Durch eine derartige Punktkonstruktion ist A' leicht auffindbar, und da es die Leistungslinie 4 in 4' schneidet, so kann demnach die Fahrtgeschwindigkeit mit Hülfe der neuen Uebersetzung auch noch auf einen vierten Wert, nämlich $21{,}4 \cdot \frac{968}{1500}$, also etwa 14 km/st eingeregelt werden. Vorausgesetzt wurde bisher, daß die Einschaltung einer neuen Uebersetzung den Wirkungsgrad der Arbeitsübertragung nicht ändert; sollte das doch eintreten, so ist ja eine solche Aenderung leicht zu berücksichtigen.

Das angegebene Verfahren der Verlegung von Belastungskurven läßt sich in allgemeinster Weise anwenden. Es zeigt bei ungünstiger Lage dieser Kurven zu den Leistungslinien der Maschine stets einen Weg, um die infolge dieser ungünstigen Lage engen Grenzen der Geschwindigkeitsregelung durch eine anderweitige Uebersetzung zu erweitern. Je mehr Leistungslinien die verlegte Belastungskurve schneidet und je mehr die Schnittwinkel sich einem Rechten nähern, um so weiter werden die Regelungsgrenzen sein, und um so sicherer wird der Wagen die jeweils gewünschte Geschwindigkeit aufweisen. Die praktischen Grenzen der Verlegung von Belastungskurven sind in technischer Hinsicht durch die mögliche größte Umlaufzahl, in wirtschaftlicher durch den Brennstoffverbrauch gegeben, eine Frage, auf die hier nicht eingegangen werden soll.

Auf zwei Sonderfälle mag jedoch der entwickelte Zusammenhang zwischen Maschinenregelung und Getriebeübersetzung noch ausgedehnt werden, nämlich auf eine Berg- und eine Talfahrt.

Nehmen wir an, daß letztere auf einem Gefälle 1 : 100 vor sich gehe, so würde die Fahrleistungskurve, wieder unter den früheren Voraussetzungen, durch die Schaulinie B dargestellt sein. Diese berücksichtigt nunmehr die Verminderung des Fahrwiderstandes durch die Gefällkomponente des Wagengewichtes und ist aus derselben Getriebeübersetzung, wie solche bei der Kurve A vorhanden war, heraus entwickelt worden. B schneidet nur die Linien 4 und 3 bei geeigneten Umdrehungen der Maschine, 2 und 1 dagegen bei so hohen Umlaufzahlen, daß bei dem Versuchsmotor, welcher für etwa 1200 bis 1300 Uml./min gebaut war, die betreffenden Regulierungsstellungen nicht mehr zu verwerten wären. Sieht man, wie bei A geschehen ist, 1350 als die höchste zulässige Umlaufzahl an, wünscht man also die dem Punkte 1 entsprechende Leistung bei 1350 anstatt, wie die Kurve B fordern würde, 1578 Maschinenumdrehungen nutzbar zu machen, so braucht die Getriebeübersetzung nur im Verhältnis $\frac{1350}{1578}$ verkleinert und demgemäß, also unter entsprechender Reduzierung aller Abszissen, die Linie B in die Lage B' verlegt zu werden. Jetzt sind 4 Regulierstellungen mit entsprechendem Geschwindigkeitsbereich möglich, ohne daß der Motor zu schnell liefe. — Von der Einschaltung einer solchen geringeren Uebersetzung bei Talfahrt wird ja bekanntlich kein Gebrauch gemacht. Man fährt entweder, um eine bestimmte Umlaufzahl nicht zu überschreiten, mit gedrosseltem Motor, also mit den Regulierstellungen, welchen den Schnittpunkten $B - 3$ und $B - 4$ entsprechen, oder man läßt die Maschine gelegentlich durchgehen und steuert den Gefahren eines allzu langen Durchgehens durch Aussetzer oder Abkupplung mit gleichzeitiger Drosselung.

Bei der Bergfahrt kommt man um einen Uebersetzungswechsel jedoch nicht herum, und die Größe desselben ergibt sich leicht nach Fig. 30. C ist die

Fahrtleistungskurve bei einer als Beispiel gewählten Steigung von 1 : 50; sie liegt völlig außerhalb des Bereiches der Leistungslinien und zeigt bei 987 Uml. die Leistung, welche die Maschine wieder im Punkte 1, also bei 1350 Uml. hergibt. Wünscht man diese ungefähre Höchstleistung auszunutzen, so wäre also die der Kurve A zugrunde liegende Getriebeübersetzung im Verhältnis $\frac{1350}{987}$ zu vergrößern. Durch sinngemäße Reduktion der Kurve C auf die Lage C' lassen sich die dann möglichen Regelstellungen, ihr Geschwindigkeitsbereich usw. erkennen. Dieses einfache Verfahren gestattet also die Bestimmung einer vorteilhaftesten Uebersetzung für gegebene Steigungen.

Auch die Untersuchung eines gegebenen oder zunächst einmal probeweise festgelegten Wechselgetriebes auf die Verwendbarkeit seiner Uebersetzungsstufen für gewisse Geländeverhältnisse ist auf diese Weise leicht durchzuführen.

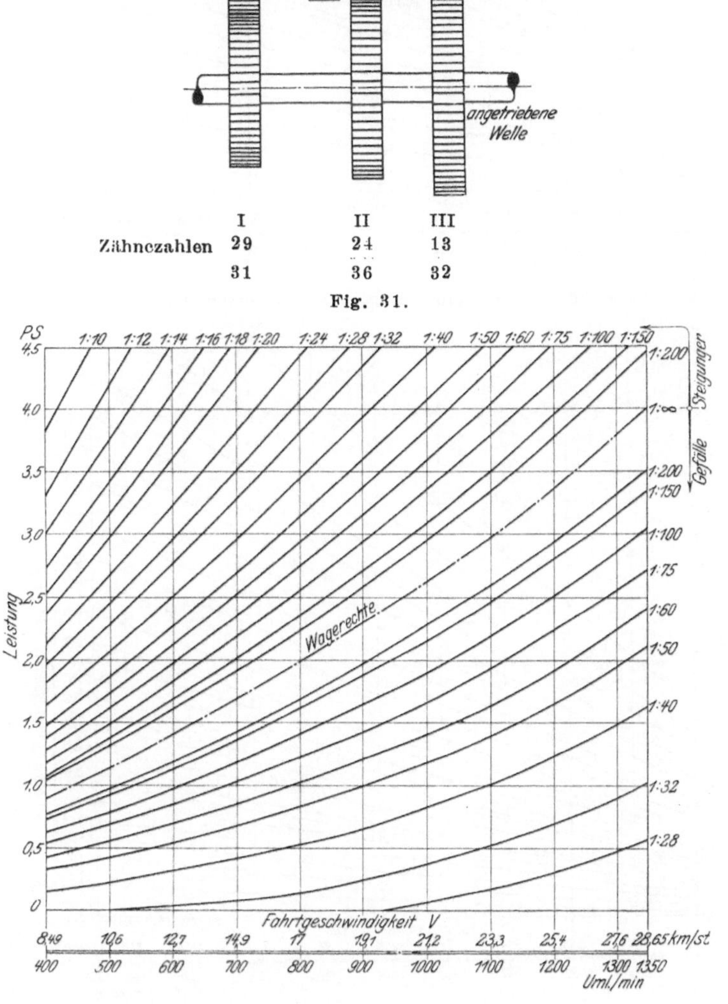

Fig. 31.

Fig. 32. Fahrtleistungskurven für Uebersetzung I.

In Fig. 31 ist das Schema des Wechselgetriebes angegeben, welches nach Katalogangaben für die Versuchsmaschine bestimmt ist. Die Zähnezahlen der drei Zahnradpaare sind verzeichnet; die Uebersetzung I, die kleinste, ist für die Ebene bestimmt, II und III für Steigungen und natürlich auch für das An-

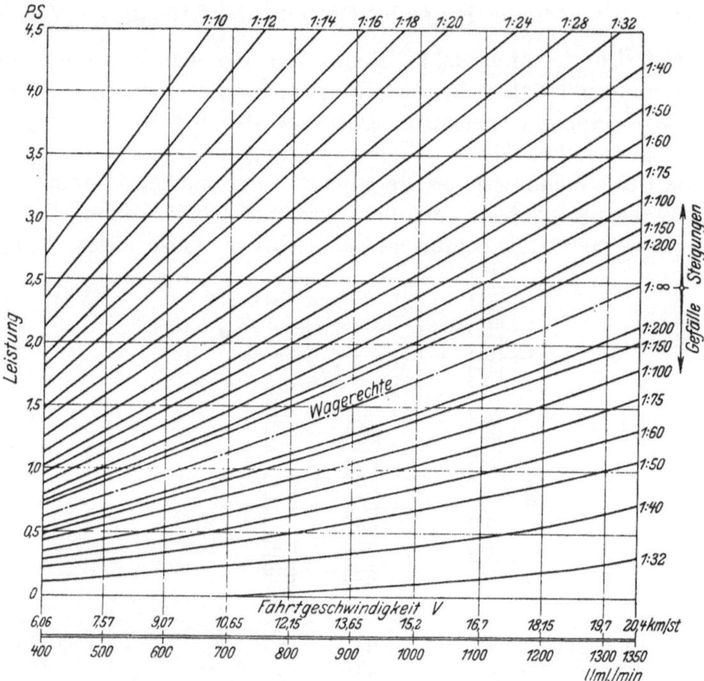

Fig. 33. Fahrtleistungskurven für Uebersetzung II.

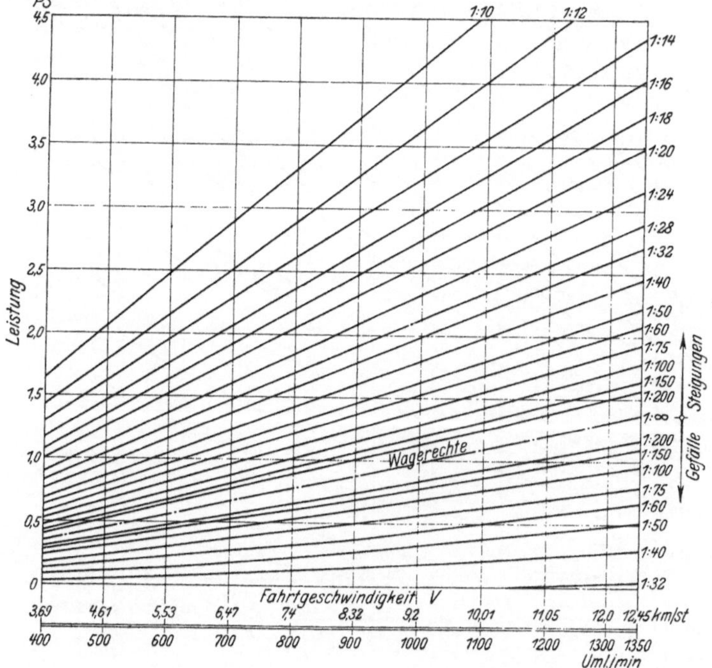

Fig. 34. Fahrtleistungskurven für Uebersetzung III.

fahren. Ist I eingeschaltet, so würde etwa diejenige gesamte Getriebeübersetzung hergestellt sein, welche in Fig. 30 der Kurve A entspricht: wird (durch Axialverschiebung von Zahnrädern) I ausgeschaltet und dafür II oder III eingeschaltet, so ergeben sich folgende Aenderungen der Gesamtübersetzung: Durch Umschaltung von

$$\text{I auf II: Vergrößerung im Verhältnis: } \frac{29}{31} \cdot \frac{36}{24} = 1{,}4,$$

$$\text{I » III: » » » : } \frac{29}{31} \cdot \frac{32}{13} = 2{,}3.$$

Verzeichnet man nun, Fig. 32, eine Schar von Belastungskurven, welche verschiedenen Steigungen bezw. Gefällen entsprechen, für Uebersetzung I, vergrößert die Abszissen ihrer Punkte unter Konstanthaltung der Ordinaten im Verhältnis 1,4 und dann 2,3, sucht also mit andern Worten die auf die Uebersetzung II, Fig. 33, oder III, Fig. 34, reduzierten Belastungskurven auf und deckt diese mit den Belastungslinien 1 bis 4 aus Fig. 30, so ist damit der Aufschluß über die Verwendbarkeit der Uebersetzungen für dieses oder jenes Terrain gegeben.

Später wird auf diesen Punkt noch einmal zurückgegriffen werden.

Hauptversuche.

Wirkung der Regelung durch Zündpunktverlegung.

Vor Beginn der Hauptversuche wurde die Maschine auseinander genommen und gründlich instand gesetzt, wobei man auch alle abgenutzten Teile auswechselte. Da der Drosselungs-Kolbenschieber, Fig. 18, eine sichere Nachprüfung des freien Durchgangsquerschnittes nicht gestattete und überdies in dem Ansaugrohr mit erheblichem Spiel ging, so wurde statt seiner ein Flachschieber (vergl. später Fig. 46) eingebaut, wodurch auch die scharfe Krümmung des Ansaugrohres in Wegfall kam.

Es war in Anbetracht der erörterten Empfindlichkeit der Automobilmaschine vorauszusehen, daß sie infolge dieser durchgreifenden Reparatur und baulichen Veränderung andere Versuchsergebnisse aufweisen würde. Um darüber zunächst Aufschluß zu erhalten, wurde eine frühere Versuchsreihe, nämlich die in Fig. 19 verzeichnete, wiederholt. Man stellte also das Drosselungsorgan auf volle Oeffnung des Rohrquerschnittes ein und veränderte die Zündstellung in gewisser Stufenfolge, wobei jedesmal durch Belastungswechsel die Abhängigkeit der Leistung von der Umdrehungszahl aufgesucht wurde. Es ergaben sich dabei Schaulinien, Fig. 35, von größerer Sicherheit und Stetigkeit, wie früher, was vor allem auf die Beseitigung des ursprünglich vorhandenen Spiels in der Verstellungseinrichtung der Zündung, dann wohl auch auf die erhöhte Geschicklichkeit in der Behandlung der Maschine zurückzuführen sein dürfte; daneben wiesen jedoch die Kurven teilweise einen veränderten Charakter, insbesondere eine andere Lage der Einsattelungen, sowie auch zum Teil veränderte Höhenlagen auf. Die schon erwähnte Abänderung der Ansauganordnung, also der Wegfall des früheren Rohrknies, wird die Verlegung der Sattlungen aus den beeinflußten Ansaugschwingungen erklären; die bei der Maschinenreparatur vorgenommene Auswechselung des Zündnockens macht die sonstigen Kurvenabweichungen verständlich.

Die früher begründete Gestalt der Leistungslinien und ihre unstete Verstreuung bei stetiger Zündverstellung kommt im übrigen auch in Fig. 35 zu klarem Ausdruck.

Gemäß dem an Hand der Fig. 29 entwickelten Verfahren wurde nunmehr dem Einfluß der Regelung durch Zündverstellung bei ortfesten Maschinen, also bei unveränderlicher Umlaufzahl nachgegangen.

Als Anhalt und zum Vergleich wurde durch Aufsuchung der Schnittpunkte der in Fig. 35 wiedergegebenen Kurvenschar mit der Ordinate, welche der jeweils untersuchten Umlaufzahl entsprach, die Abhängigkeit der Leistung von der Stellung des Zündkontaktes auf zeichnerischem Wege bestimmt und dann durch den Versuch nachgeprüft. Bei letzterem waren die Zündstellungen in so feinen Abstufungen gewählt, daß die fragliche Abhängigkeit sicherer hervortrat, als das bei zeichnerischem Vorgehen in Anbetracht der stellenweise großen Entfernung der Schnittpunkte möglich war; überdies wurde vor allem auch der Brennstoffverbrauch durch die Versuche festgelegt. Die Einwirkung der dem Versuch unterstellten Umlaufzahl auf das Versuchsergebnis kam dadurch zur

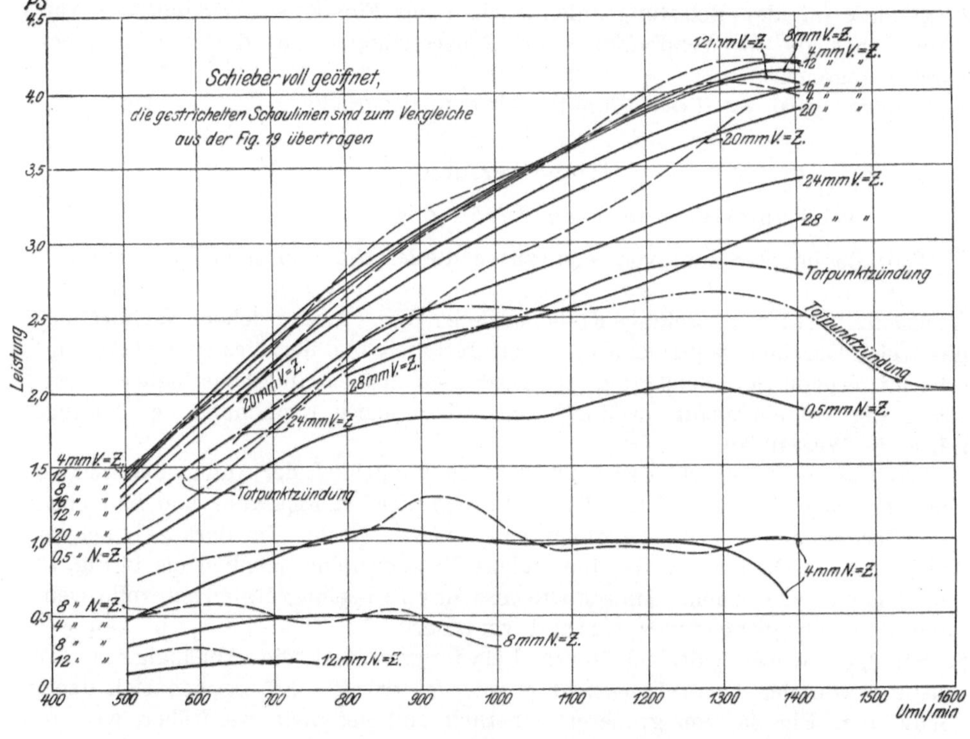

Fig. 35.

Geltung, daß mehrere Umlaufzahlen gewählt wurden; auch prüfte man von vornherein, inwieweit etwa eine erhebliche Verstellung des Drosselungsschiebers auf die Regelung durch Zündverstellung einwirkt.

Aus Fig. 36 und 37 sind, einmal für voll geöffnete Drosselung, das andere Mal für einen Schieberöffnungsweg von 6 mm, die aufgefundenen Schaulinien, also die Kurven

$$\begin{cases} \text{Leistung} & = f\,(\text{Zündstellung}) \\ \text{Benzinverbrauch für 1 PS}_e\text{-st} & = f\,(\qquad » \qquad) \end{cases}$$

ersichtlich. Jede Kurve entspricht einer Umlaufzahl.

Vorweg bemerkt sei, daß die Folgerungen, welche aus Fig. 36 gezogen werden sollen, sich auch der Fig. 37 entnehmen lassen, daß demnach die Verstellung der Drosselung die hier, in Frage kommenden Schaulinien zwar in der Höhenlage beeinflußt, ihren Charakter jedoch nicht zu ändern vermag.

Um zunächst die technische Wirkung der Regelung durch Zündverstellung beurteilen zu können, muß man sich über die Forderungen klar sein,

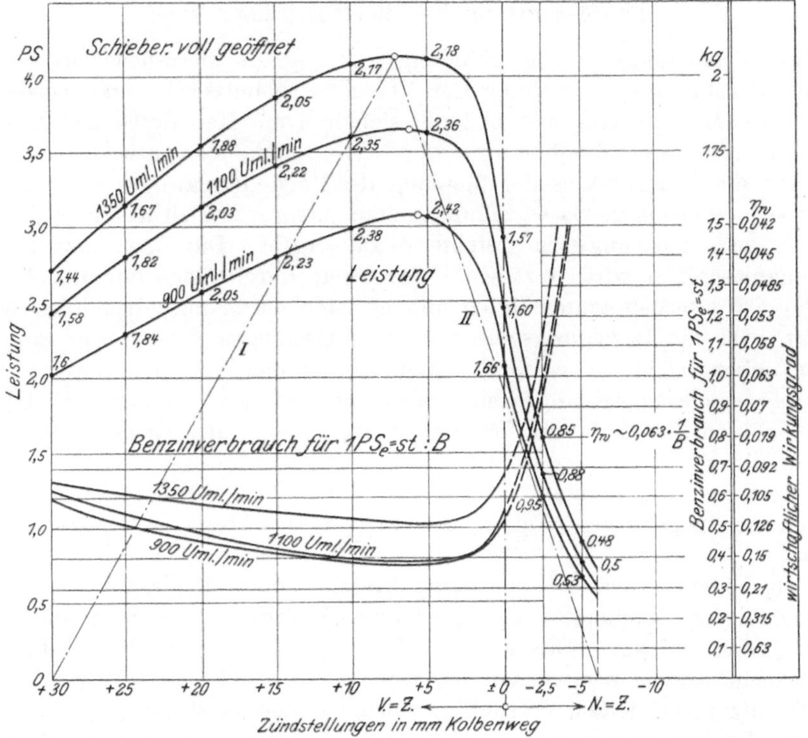

Fig. 36.

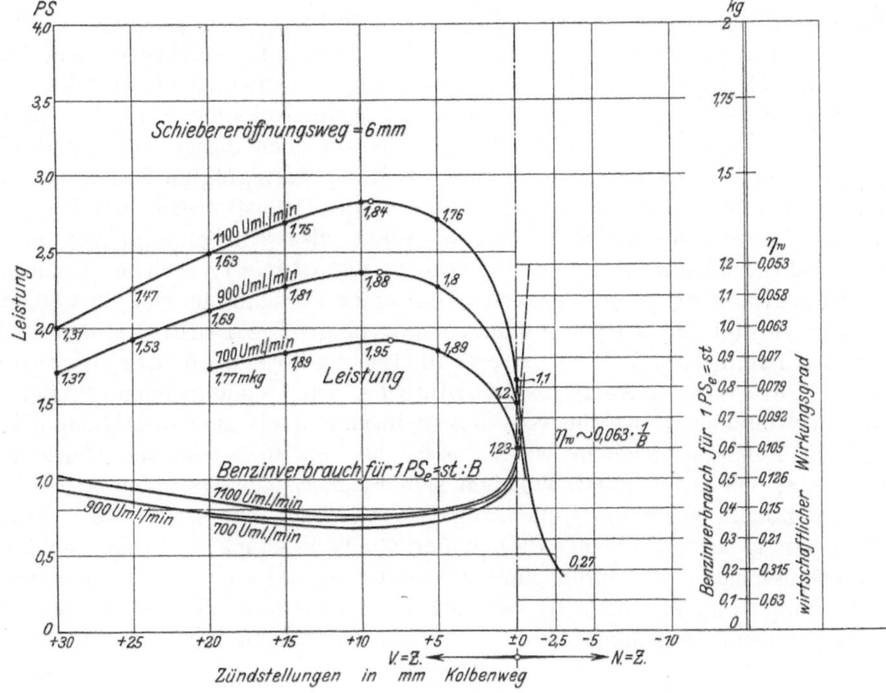

Fig. 37.

welche an eine technisch vollkommene Regelung zu stellen wären. Diese Forderungen können je nach dem Verwendungszweck der Maschine verschiedene sein; im vorliegenden Falle ist eine linear-proportionale Abhängigkeit der

Leistung bei ortfesten Motoren,

Fahrgeschwindigkeit bei Fahrzeugmotoren

von dem Verstellungsweg der Zündungsregelung als erstrebenswert betrachtet und als Maßstab zur Beurteilung der Versuchsergebnisse benutzt worden. Bei der ersteren Maschinengattung befindet sich nun das Hebelwerk zur Verstellung des Zündkontaktes unmittelbar an diesem; man könnte also entweder den Winkelausschlag dieses Kontaktes der Messung des Verstellungsweges zugrunde legen oder aber den einem gewissen Zündmomente entsprechenden Kolbenweg (Fig. 17, Skala I), was eine ungleich geteilte Skala ergibt. Die Zündverstellung von Fahrzeugmaschinen wird jetzt wohl durchweg durch einen auf dem Lenkrade des Wagens untergebrachten Hebel und ein sich daran anschließendes Gestänge bewirkt. Da die Bewegungsgesetze dieses Gestänges von dessen Bauart abhängen, aber leicht zu ermitteln sind, so ist hier von der Einwirkung des Uebertragungsgestänges abgesehen, also angenommen worden, daß bei Fahrzeugmaschinen die Skala des Hebels auf dem Lenkrade dieselbe, wie die am Zündkontakt sei.

Dieses vorausgeschickt, ergibt sich für alle Umlaufzahlen folgendes aus den Leistungskurven (Fig. 36 und 37), deren Abszissen Kolbenwege darstellen:

Wie nicht anders zu erwarten, besitzen diese Kurven einen der wirtschaftlich-besten Zündung entsprechenden Höchstwert, von dem aus sie nach beiden Seiten abfallen. Das gleiche gilt von dem Verlauf der Drehmomente, welche nicht verzeichnet wurden, weil sie in anbetracht der Unveränderlichkeit der Umlaufzahl bei jedem Versuch proportional den Leistungsgrößen sind. Der erwähnte Höchstwert entspricht, wie gleichfalls ohne weiteres einleuchtend, bei verschiedenen Umlaufzahlen verschiedenen Zündstellungen. In der Nähe des Höchstwertes ist eine Verstellung der Zündung von geringem Einfluß auf Leistung und Drehmoment, ein Umstand, welcher verständlich macht, daß sich in Fig. 19 die höchste Leistung bei einer Zündung bei 8 mm Kolbenweg, in Fig. 36 bei einer solchen bei 7 mm Kolbenweg ergibt; unter sonst gleichen Umständen bewirken in Anbetracht eben dieser Unempfindlichkeit der Leistung gegenüber einer Zündverstellung geringfügige Zustandsänderungen der Maschine eine solche Auswechselung der Höchstkurven. Der Kurvenabfall mit zunehmender Vorzündung ist sanft, also sehr entfernt von einer die besprochene Idealregelung etwa verkörpernden Linie I, welche Maximum und Koordinatenanfangspunkt verbände. Bei einer Vorzündung von etwa 30 mm Kolbenweg versagt die Zündung ganz; eine völlige Tiefregelung der Leistung ist unmöglich. Weitergehend ist naturgemäß der Kurvenabfall auf der anderen Seite des Maximums. Die Leistungslinien schmiegen sich hier der Geraden II, welche von diesem Maximum bis zum Abszissenpunkte versagender Zündung gezogen wird, besser an, als dieses bei der Geraden I der Fall war; der Kurvenabfall vollzieht sich rascher, eine Erscheinung, welche jedoch nur auftritt, wenn die Kolbenwege als Abszissen benutzt werden. Praktisch kommen ja nicht diese als Einheit der Zündverstellung in Frage, sondern die Winkelausschläge des durch Hand bewegten Kontaktes. Mißt man danach die Verstellung (Fig. 17, Skala II), so nimmt beispielsweise die der Umlaufzahl 1350 entsprechende Leistungslinie aus Fig. 36, welche in Fig. 38 noch einmal aufgetragen worden ist (*A*), die Gestalt *B* an, d. h. die wirklichen Verstellungswege des Kontaktstückes, mittels deren die Leistung vom Höchstwert aus nach der Seite der Nachzündung zu vermindert werden kann, sind so groß, daß sich die Einstellung der Leistung auf einen gewünschten Wert mit genügender Sicherheit vornehmen läßt. Was von der einen aus Fig. 36 entnommenen Kurve gesagt wurde, gilt selbstverständlich auch für die übrigen der gleichen Figur sowie für die der Fig. 37.

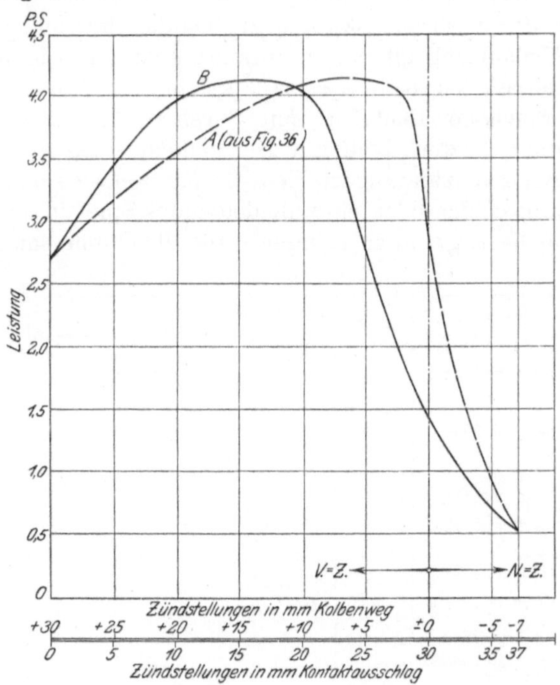

Fig. 38.

Die an die einzelnen Kurvenpunkte geschriebenen Zahlen, Fig. 36 und 37, geben den Wert der jeweiligen Drehmomente in kgm. An Hand der Fig. 26 wurde festgestellt, daß bei unveränderter Zündstellung das Drehmoment von einer gewissen Umlaufzahl ab mit zunehmenden Umlaufzahlen sinkt. Die hier verwendeten Umlaufzahlen liegen oberhalb dieser Grenze, so daß die frühere Feststellung hier noch einmal bestätigt wird.

Die **wirtschaftliche Güte** der Regelung durch Zündpunktverlegung läßt sich an Hand der Benzinverbrauchskurven, Fig. 36 und 37, beurteilen. Daß für eine gegebene Umlaufzahl eine wirtschaftlichste Zündstellung vorhanden sein muß, wurde schon eingangs klargelegt; demnach müssen die Schaulinien des Benzinverbrauchs für eine effektive Pferdestärkestunde ein Minimum bebesitzen, welches Fig. 36 und 37 auch nachweisen. Die Kurven verlaufen an der betreffenden Stelle außerordentlich flach, eine erhebliche Verstellung der Zündung ändert also wenig an der Wirtschaftlichkeit. Mit zunehmender Vorzündung steigt der Benzinverbrauch in erträglichem Maße, mit zunehmender Nachzündung dagegen jäh. In der Natur der Sache liegt es, daß die **Güte der Wirtschaftlichkeit im umgekehrten Verhältnis zu der technischen Güte, also der Empfindlichkeit der Regelung steht.** Für die praktische Verwendung der Regelung durch Zündpunktverlegung ist zu beachten, daß bei der Mehrzahl von Kraftwagen, nämlich denen, welche nicht ständig ausgenutzt werden, die Benzinkosten nicht den wesentlichsten Teil der gesamten (direkten und indirekten) Betriebskosten darstellen, so daß man sich die Steigerung des Benzinverbrauches mit wachsender Vorzündung in einem gewissen Umfange wohl gefallen lassen kann; bei Nachzündung ist diese Steigerung allerdings so stark, daß sie zu praktischen Bedenken Veranlassung gibt. Nicht nur die Kostenfrage spielt hier eine Rolle, sondern bei Fahrzeugen auch die Rücksichtnahme auf den Raumbedarf des Benzinbehälters.

Die Lage der Verbrauchskurven zueinander, mit anderen Worten die Einwirkung der Umlaufzahl auf den Verbrauch geht aus Fig. 36 und 37 nicht mit genügender Klarheit hervor. Zwar ist ersichtlich, daß auf der Vorzündungsseite der Verbrauch bei 1350 Uml./min durchweg höher ist, als der bei 1100 oder 900 Uml./min; letztere beiden weisen jedoch einen wenig unterschiedlichen Einfluß auf. Bei Nachzündung steigen die Kurven so scharf, daß geringfügige Skalen-Einstellungsfehler oder ein unbedeutendes Spiel in der Kontaktverstellung Unsicherheit in die Ergebnisse bringen. Die Benzinmessung durfte sich außer-

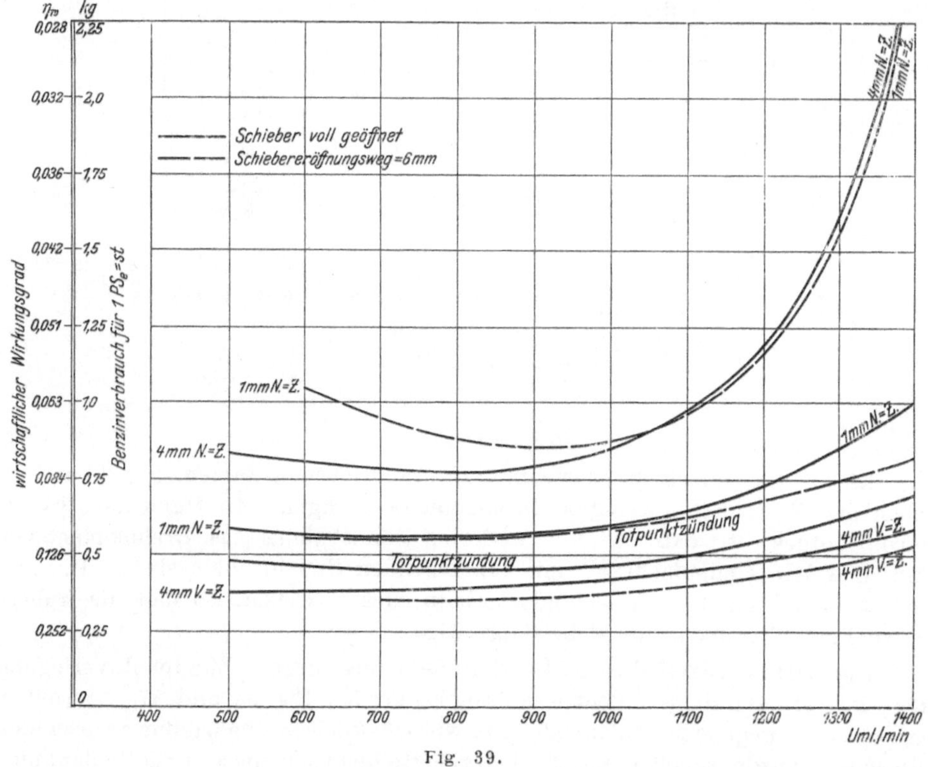

Fig. 39.

dem aus schon entwickelten Gründen nicht über einen allzu langen Zeitraum erstrecken, so daß nicht besonders viele Kurvenpunkte festgelegt werden konnten, und gerade auf der Nachzündungsseite die Unsicherheit dadurch gesteigert wurde. Es wurde daher für die beiden benutzten Drosselstellungen und einige Zündstellungen der spezifische Brennstoffverbrauch noch einmal als Funktion der Umlaufzahl nachgeprüft und aufgetragen, Fig. 39. Das bei Gasmaschinen bekannte Anwachsen des Verbrauches mit der Umlaufzahl zeigten die Vorzündungskurven auch hier. Bei Nachzündung steigen die Schaulinien am Ende steiler an, als bei Vorzündung, und weisen außerdem einen deutlichen Mindestwert auf, d. h. die Einwirkung der Zündstellung auf den Verbrauch überwiegt, wie nicht anders zu erwarten, hier andere Einflüsse so stark, daß die Abhängigkeit der wirtschaftlichsten Zündung von der Umlaufzahl zum Ausdruck kommt.

Es verdient noch erwähnt zu werden, daß die Schwingungen im Ansaugrohr zu einem rückwärtigen Ausstoßen von Benzin aus der Luftansaugöffnung des Vergasers führten, und daß die ausgestoßene Menge mit der Umlaufzahl so stark wuchs, daß auch dadurch auf die Steigerung des spezifischen Verbrauches eingewirkt werden mußte.

Zur Untersuchung der Regelung durch Zündpunktverlegung bei Fahrzeugmaschinen wurde die Kurvenschar in Fig. 35 mit Fahrleistungslinien gedeckt, und zwar unter Zugrundelegung der praktischen Annahmen, insbesondere der drei Uebersetzungen, welche schon früher herangezogen wurden, vergl. Fig. 32 bis 34.

Die Deckung der Figuren 32 und 35, mit anderen Worten also die Aufsuchung der Beziehung zwischen Zündstellung und Fahrgeschwindigkeit bei Einschaltung der ersten Uebersetzung ergibt für verschiedene Steigungen bezw. Gefälle Kurven nach Fig. 40.

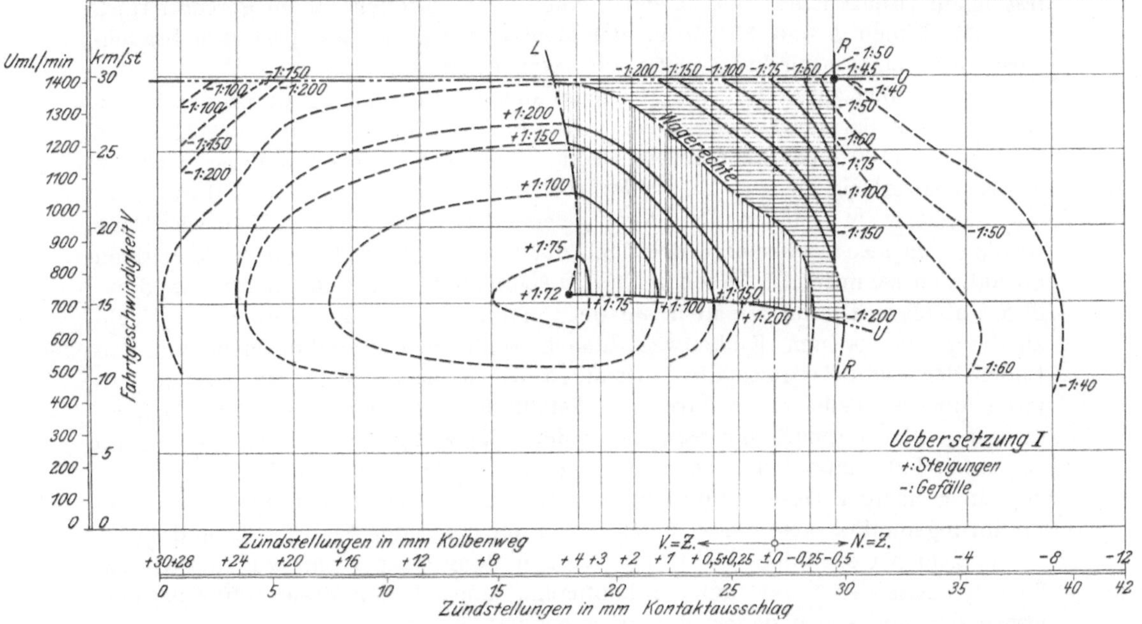

Fig. 40.

Die Grundform dieser Schaulinien ist etwa eiförmig; jeder Zündstellung entsprechen zwei Fahrgeschwindigkeiten, jeder Fahrgeschwindigkeit zwei Zündstellungen. Erstere Erscheinung erklärt sich daraus, daß die Kurven der Fig. 35 die der Fig. 32 in zwei Punkten schneiden, von denen allerdings nur der obere Punkt sicher ist, weil nur dort die sich schneidenden Linien einen nicht allzu spitzen Winkel mit einander bilden. Man wird also geringere Umlaufzahlen mit Rücksicht auf diese Unsicherheit gern vermeiden, so daß die Regelung selbsttätige Vergaser zur Erreichung niedriger Umlaufzahlen auf der Fahrt nicht fordert. Demnach kommt praktisch nur die obere, durch die den Berührungspunkten der gedeckten Kurvenscharen entsprechende Grenzlinie U abgetrennte Hälfte der Eilinie in Frage, aber auch von dieser nur das rechte Viertel: Von den beiden Zündstellungen, welche einer Fahrgeschwindigkeit entsprechen, wird man im Interesse einfacher Regelungsbetätigung möglichst nur die benutzen, welche ein Hin- und Herschieben des Regelungshebels bei gleich bleibender Tendenz der Geschwindigkeitsveränderung unnötig machen. Man wünscht also diesen Hebel bei Fahrtbeschleunigung in dem einen, bei Fahrtverzögerung in dem anderen Sinne zu drehen. Das ist nur zu erreichen, wenn entweder das rechte oder das linke obere Viertel der Kurven in Fig. 40 verwendet wird. Wirtschaftliche Gesichtspunkte würden für Wahl des letzteren Viertels sprechen, da bei großen Vorzündungen ein leidlicher mittlerer Benzinverbrauch, vergl. Fig. 36 und 37, gewährleistet ist. Anderseits führten aber im vorliegenden Falle die starken Vorzündungen, deren man sich zu hinreichender Tiefregelung der Fahrgeschwindigkeit bedienen müßte, zu heftigem Klopfen der Maschine, so daß die Benutzung des rechten oberen, in Fig. 40 durchgezogenen Viertels der Schaulinien rätlicher erschien. Dieses setzt nun teilweise eine — allerdings geringe — Nachzündung mit gesteigertem Benzinverbrauch voraus. Da aber, wie schon hervorgehoben, der Brennstoffverbrauch oft nicht den einflußreichsten Teil der gesamten Wagenbetriebskosten darstellt, da sich fernerhin dieser Verbrauch bei den im äußersten Falle angewendeten Nachzündungen noch in erträglichen Grenzen hielt, so erschien damit die getroffene Wahl gerechtfertigt.

Die Linien L und U würden demgemäß in Fig. 40 das praktisch brauchbare Regelgebiet nach links und nach unten begrenzen.

Nach oben zu ist im vorliegenden Falle die Begrenzung durch die Wagerechte O aus der Erwägung heraus geschaffen worden, daß die Maschine die Umlaufzahl 1400 nicht überschreiten soll. Eine solche Einschränkung wird, so wünschenswert sie an sich ist, im Fahrbetriebe nicht immer eingehalten, man läßt vielmehr auf Gefällen den Motor gelegentlich durchgehen. In diesem Falle würden sich also noch einige der nach oben zu abgebrochenen beiderseitigen Schaulinien schließen. — Nach rechts zu schließlich ist das Regulierungsfeld dadurch abgegrenzt, daß die Mehrzahl der Gefällkurven in Fig. 32 über eine Nachzündung von 0,5 mm Kolbenweg hinaus keine Schnittpunkte mehr mit den Linien der Fig. 35 ergibt; die Ordinate R ist daher die gegebene Grenze. In ihrem unteren Teile ist sie durch die Gefälllinie 1:200 ersetzt worden, da auch diese nur eine geringfügige Steigerung der Nachzündung nötig macht. — Im äußersten Falle läßt sich noch eine Steigung von 1:72 und ein Gefäll von 1:45 mit einer einzigen Geschwindigkeit befahren; der erstere Punkt entspricht einem Berührungspunkte beim Decken der Schaulinien aus den Figuren 32 und 35. — Die einzelnen Gefällinien bei starker Nachzündung, also rechts von der Grenzlinie R, lassen sich nur unter Inkaufnahme eines hohen Brennstoffverbrauchs verwenden und sollen daher hier nicht benutzt werden.

Ein Blick auf das unter den besprochenen Voraussetzungen abgegrenzte Regelgebiet zeigt uns, daß sich auf der Wagerechten (oder hier — infolge der nicht strengen Einhaltung der Grenzlinien R — auf einem Gefäll von 1:200) entsprechend der früher erörterten Wahl der Uebersetzung I, der weitgehendste Geschwindigkeitsausschlag erzielen läßt. Die Anfangs- und Endpunkte der benutzten Kurvenstücke geben die auf der betreffenden Wegneigung erreichbaren äußersten Fahrtgeschwindigkeiten an; der Unterschied beider Zahlen, also das Geschwindigkeits-Regelgebiet ist durch den senkrechten Abstand beider Punkte gekennzeichnet.

Wie in Fig. 40 die Deckung der Fig. 35 und 32, so ist in Fig. 41 und 42 die Deckung der Fig. 35 und 33 sowie 35 und 34 durchgeführt worden, d. h. die Zündungsregelung ist auch bei der Fahrt mit den Uebersetzungen II und III untersucht worden. Der Verlauf der erhaltenen Schaulinien ist gleichartig, ihre Höhenlage eine andere. Jedes der drei Diagramme gibt nicht nur darüber

Aufschluß, welche Regelungsstellungen zur Erzielung gewünschter Geschwindigkeiten auf unveränderlicher Steigung anzuwenden sind, sondern zeigt auch, wenn man die Schaulinien mit Wagerechten oder Senkrechten schneidet, welche Regelungsstellungen auf verschiedenen Steigungen eine gewünschte Geschwindigkeit herbeiführen, bezw. welche Geschwindigkeiten sich bei einer bestimmten Zündlage auf verschiedenen Wegneigungen ergeben.

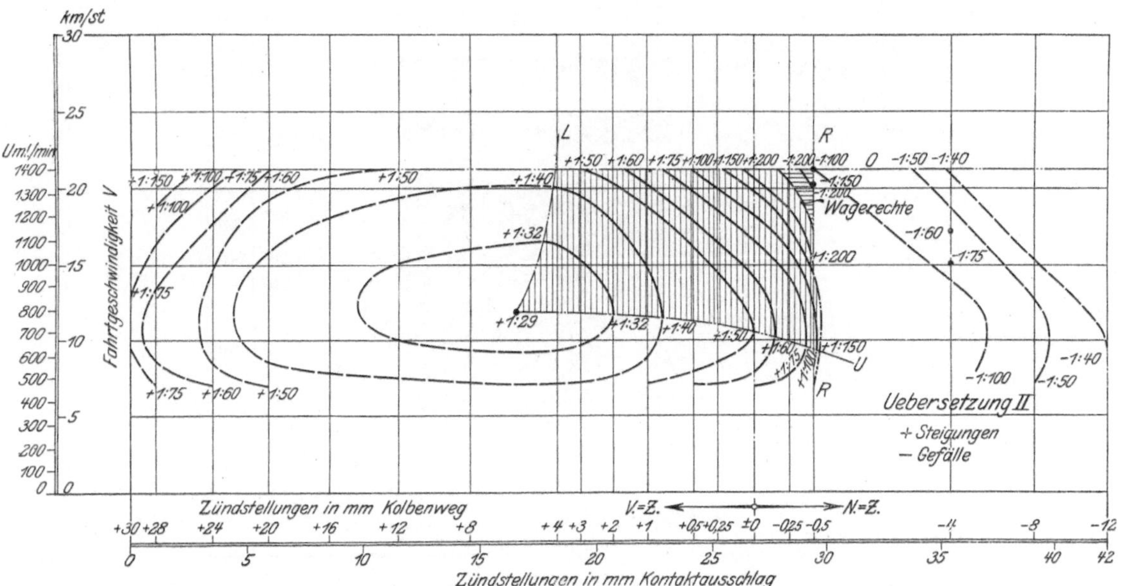

Fig. 41.

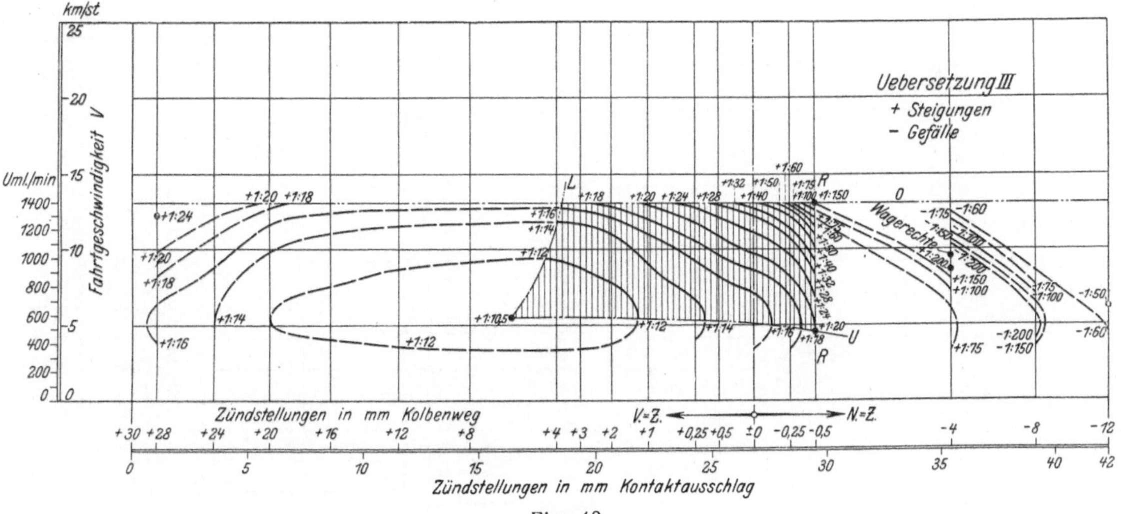

Fig. 42.

In Fig. 43 sind die Figuren 40 bis 42 vereinigt worden. Es ergibt sich eine recht anschauliche Darstellung der Regelungs- und Umschaltungswirkung bei der Fahrt. Die Kurvenschnitte zeigen, daß der Uebergang von einer Steigung zur anderen bei gleich bleibender Geschwindigkeit durch eine Umschaltung ohne Zündregelung zu erfolgen vermag. Eine Weiterregelung der Geschwindigkeit auf demselben Gefälle ist dagegen nur durch einen Sprung in der Verstellung des Zündhebels zu bewirken. — Schließlich gibt

Fig. 43 auch Klarheit darüber, ob die Uebersetzungen eines Wechselgetriebes zweckmäßig gewählt sind; im vorliegendeu Falle trifft das nicht zu, da sich die Ueberdeckungen der den drei Geschwindigkeitsstufen entsprechenden schraffierten Regelflächen recht ungleich verteilen.

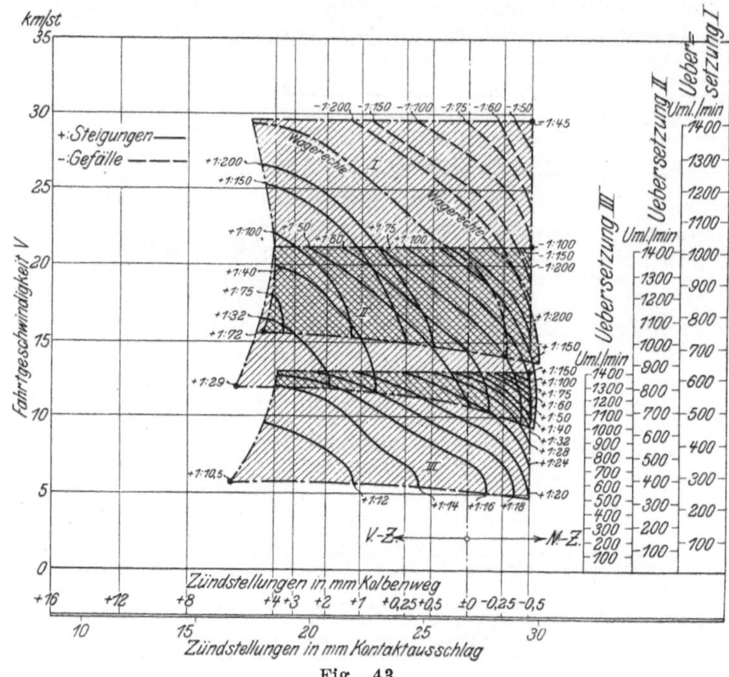

Fig. .43

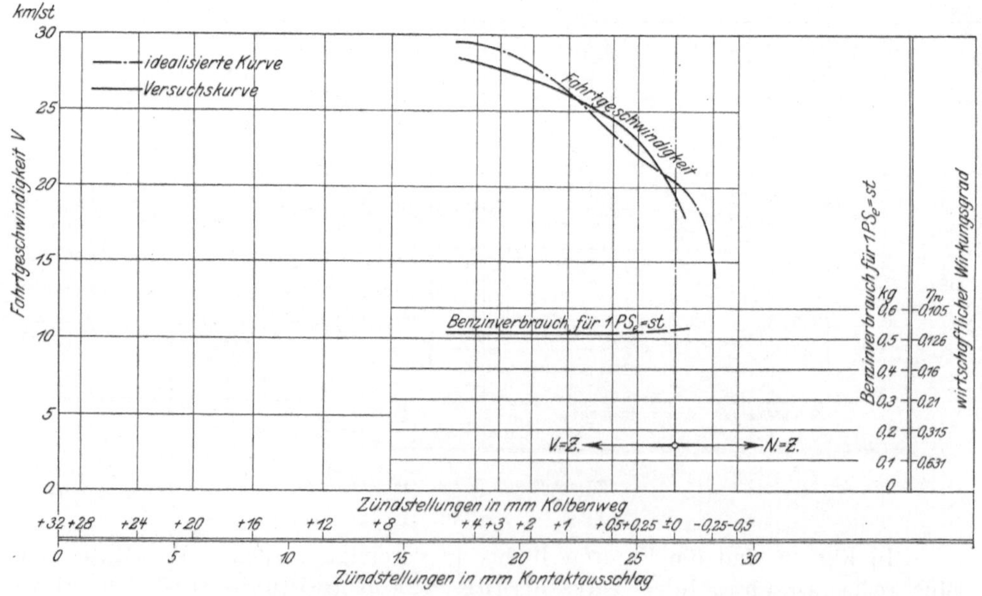

Fig. 44.

Zur Beurteilung der in den Figuren 40 bis 43 verzeichneten Kurven sei hier noch folgendes nachgetragen:

Die ihnen zugrunde gelegte Kurvenschar der Fig. 35 ist teilweise, nämlich da, wo störende Ausbauchungen auftraten, idealisiert worden, d. h. die Linien mit Einsattelungen sind durch eine mittlere Kurve ohne solche ersetzt worden, da nur auf diesem Wege die Gesetzmäßigkeit der Fahrtregelung völlig klar zum Vorschein kam. Die einer Fahrt auf der Wagerechten bei Uebersetzung I entsprechende Schaulinie aus Fig. 40 ist auf dem Wege des Versuches unter gleichzeitiger Messung des Benzinverbrauches nachgeprüft worden. Fig. 44 vergleicht das Versuchsergebnis mit der Idealkurve, veranschaulicht also die praktischen Abweichungen. Der spezifische Benzinverbrauch hält sich, da extreme Lagen der Zündung nicht herangezogen werden, in erträglichen Grenzen. Je weniger Einsattelungen durch Schwingungen der Ansaugsäule herbeigeführt werden, um so stetiger wird die Regelung sein.

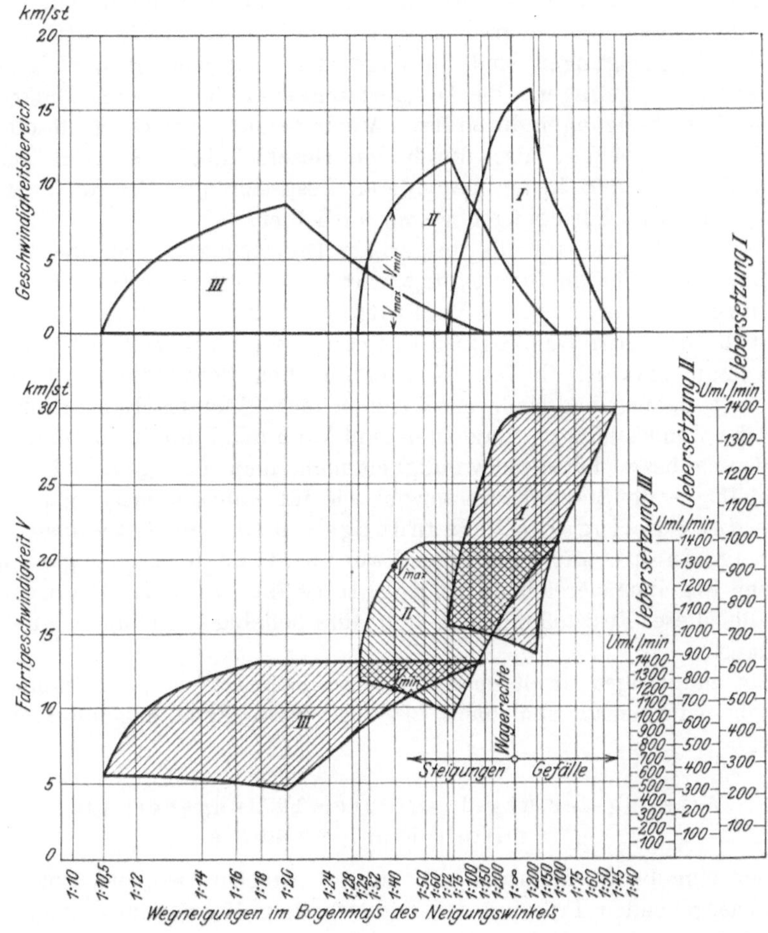

Fig. 45.

Da, wo in Fig. 35 die Schaulinien zu weit von einander entfernt lagen, als daß aus ihnen die Kurven der Figuren 40 bis 43 genügend sicher hätten hergeleitet werden können, mußten Zwischenlinien ermittelt werden. Auf dem Versuchswege war das wegen des schadhaften Zustandes der Maschine nicht mehr möglich, es sind daher einzelne Punkte der in den Figuren 36 und 37 verzeichneten Kurven in Fig. 35 eingetragen worden, und durch diese Punkte ist nach Gesetzen der Stetigkeit die fehlende Zwischenlinie gelegt; ihre Verwendung in den Figuren 40 bis 43 gestattete noch eine Kontrolle.

Auch dieses Vorgehen macht. den Hinweis nötig, daß der Wert der Figuren 40 bis 43 in erster Linie auf der Entwicklung eines allgemein anwendbaren und anschaulichen Verfahrens beruht, daß also die zahlenmäßigen Ergebnisse mit Vorsicht aufzunehmen sind. Diese Vorsicht ist ja auch schon wegen der Unsicherheit geboten, welche unserer Kenntnis der Bewegungswiderstände noch anhaftet, fernerhin auch, weil den gesamten Untersuchungen gewisse praktische Annahmen unterstellt sind.

In Fig. 45 ist schließlich die durch Anwendung reiner Zündungsregelung bei den drei Uebersetzungen erzielbare Geländebeherrschung, hergeleitet aus Fig. 43, dargelegt, wobei als Grad dieser Beherrschung einerseits der befahrbare Steigungs- bezw. Gefällausschlag, andererseits die auf den verschiedenen Steigungen erreichbaren äußersten Geschwindigkeiten angesehen sind. Die Wegneigungen sind im Bogenmaß des jemaligen Steigungswinkels als Abszissen aufgetragen, die Geschwindigkeiten im unteren Diagramm über den einzelnen Steigungen durch ihren Mindest- und Höchstwert, im oberen durch den Unterschied beider, also durch den Geschwindigkeitsbereich ausgedrückt. Die Abbildung bedarf keiner besonderen Besprechung; alle an die Figuren 40 bis 43 geknüpften Darlegungen gelten auch hier.

Ein Rückblick auf die bisherigen Erörterungen über die Wirkung der Regelung durch Zündpunktverlegung lehrt, daß die Wirtschaftlichkeit dieser Regelung im umgekehrten Verhältnis zu ihrer technischen Wirksamkeit steht und nur bei Vorzündungen sowie bei geringfügigen Nachzündungen erträglich ist. Bei erheblichen Vorzündungen klopft die Maschine in zunehmendem Maße mit abnehmender Umlaufzahl; man muß demnach auf solche Zündstellungen verzichten und kann dann durch Vorzündungen allein die Leistung bezw. Fahrgeschwindigkeit nicht mehr genügend tief regeln. Demnach bleibt — für Standmotore sowohl wie für Fahrzeugmaschinen — nur die Anwendung geringerer Vorzündungen und, im Interesse der Tiefregelung, auch einer geringen Nachzündung übrig, im ganzen kein erheblicher Regelungsbereich. Die Regelung ist dabei leidlich stetig.

Alle diese Feststellungen gelten für beliebige Stellungen der Ansaugdrosselung.

Ein endgültiges Urteil über den praktischen Wert der Zündungsregelung läßt sich naturgemäß erst nach Prüfung der übrigen Regelungsverfahren gewinnen.

Wirkung der Regelung durch Füllungsveränderung mittels Flachschiebers.

Der eingebaute Flachschieber, Fig. 46, welcher, wie erwähnt, bereits bei der vorhergehenden Prüfung der Zündregelung Verwendung gefunden hatte, drosselte einen quadratischen Querschnitt von 23 mm Seitenlänge und gestattete eine Ablesung des jeweiligen freien Querschnittes auf einer außen liegenden Skala.

Wie früher, wurde auch hier zunächst eine Schar von Leistungslinien genommen, deren jede einem bestimmten, von der in Fig. 46 angedeuteten Schlußstellung I aus gemessenen Eröffnungs-Schieberwege (Abkürzung: Sch.-W.) entsprach. Die Zündung wurde dabei einmal, Fig. 47: unveränderlich, nämlich auf 6 mm V.-Z. gehalten, ein anderes Mal, Fig. 48, wurde sie in jedem Kurvenpunkte auf höchste Wirtschaftlichkeit eingestellt. Da 6 mm V.-Z. einer guten mittleren Wirtschaftlichkeit entspricht, so sind die Abweichungen beider Kurvenscharen nicht allzu bedeutend.

Die Wirkung der Schieberverstellung bei unveränderlichen Umlaufzahlen, also bei ortfestem Betrieb ist zur Gewinnung eines Anhaltes zunächst wiederum auf zeichnerischem Wege, nämlich durch Feststellung der Schnittpunkte gewisser Ordinaten mit der Kurvenschar in Fig. 47 vorgeprüft und dann durch

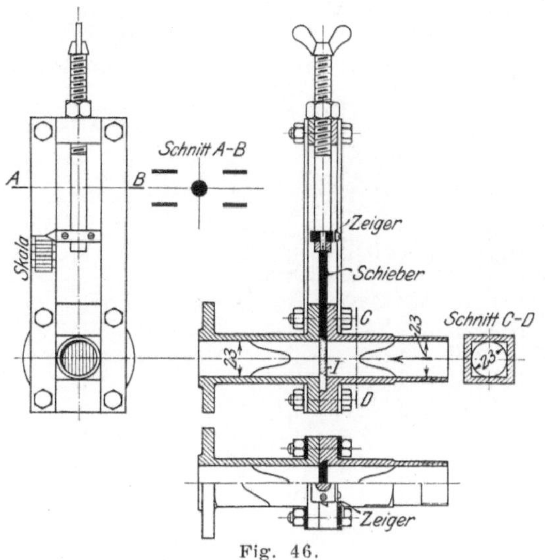

Fig. 46.

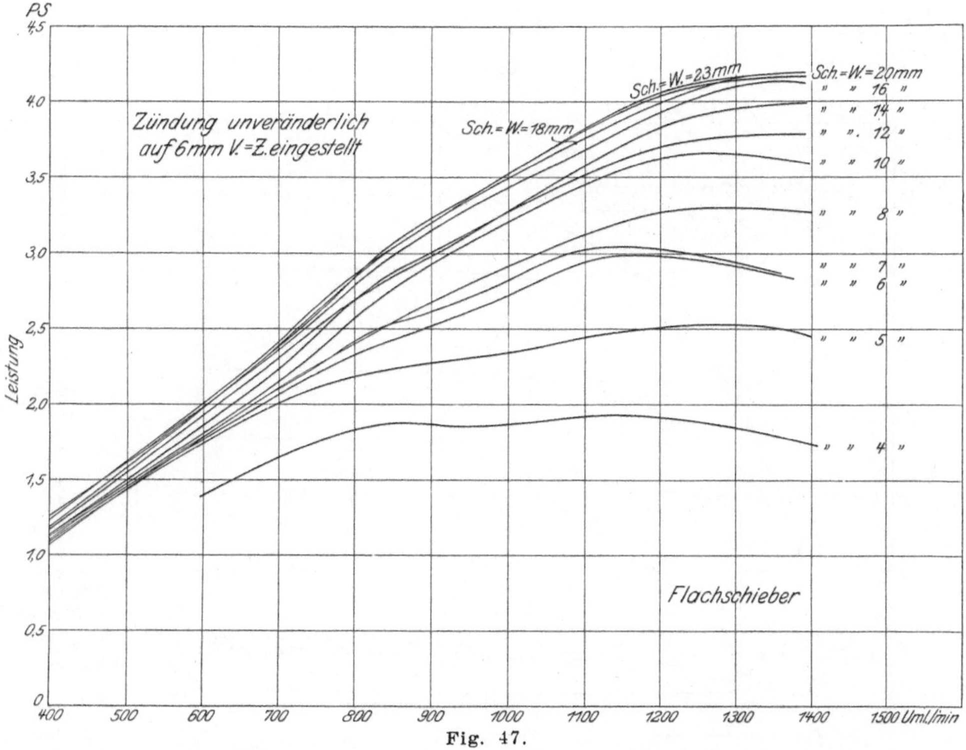

Fig. 47.

den Versuch unter stetiger Schieberverstellung in engen Stufen endgültig festgelegt worden, Fig. 49. Daß die hierbei, also unter Voraussetzung einer festen Vorzündung von 6 mm Kolbenweg, ermittelten Gesetze der Veränderung von Leistung und Brennstoffverbrauch infolge Schieberverstellung auch für andere

PS
Stets wirtschaftlichste Zündung
Sch.=W.=23mm
Sch.=W.=18mm
" " 20 "
" " 16 "
" " 14 "
" " 12 "
" " 10 "
" " 8 "
" " 7 "
" " 6 "
" " 5 "
" " 4 "
Leistung
Flachschieber
400 500 600 700 800 900 1000 1100 1200 1300 1400 1500 Uml./min

Fig. 48.

PS
Zündstellung unveränderlich
auf 6 mm V.=Z. eingestellt
Uml./min
1350
1100
900
700
Leistung
I
Uml./min
1350
900
1100
700
Uml./min
1350
900
1100
700
Benzinverbrauch für 1 PSe = st
0,6
0,5
0,4
0,3
0,2
0,1
ηw
0,105
0,126
0,16
0,21
0,315
0,631
wirtschaftlicher Wirkungsgrad
Flachschieber
5 10 15 20 23 mm
Schieberöffnungsweg

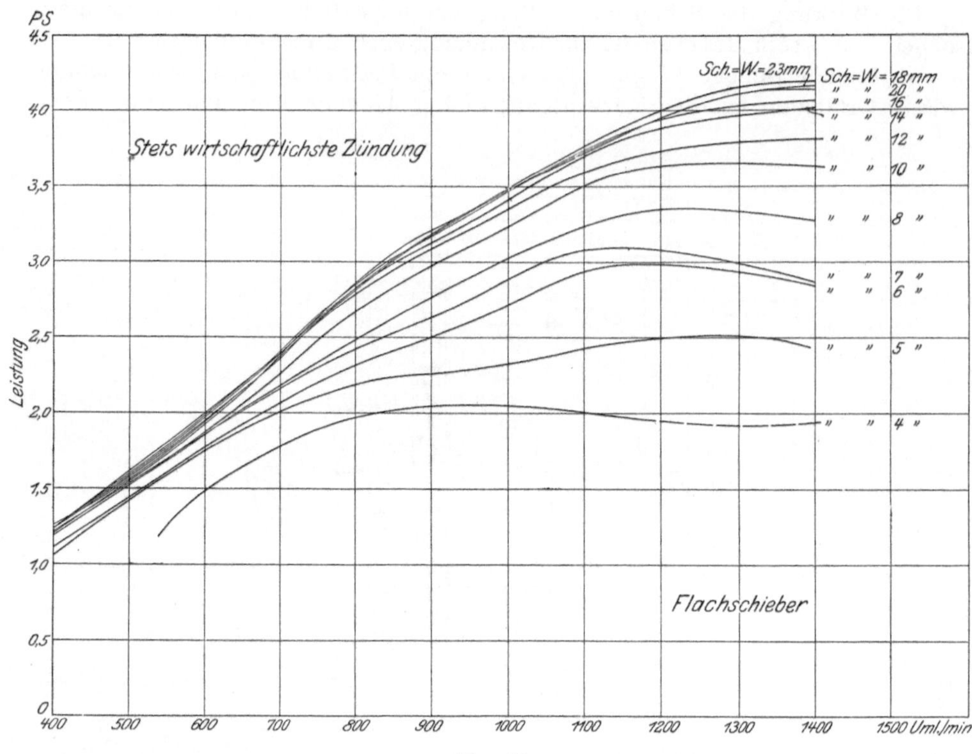

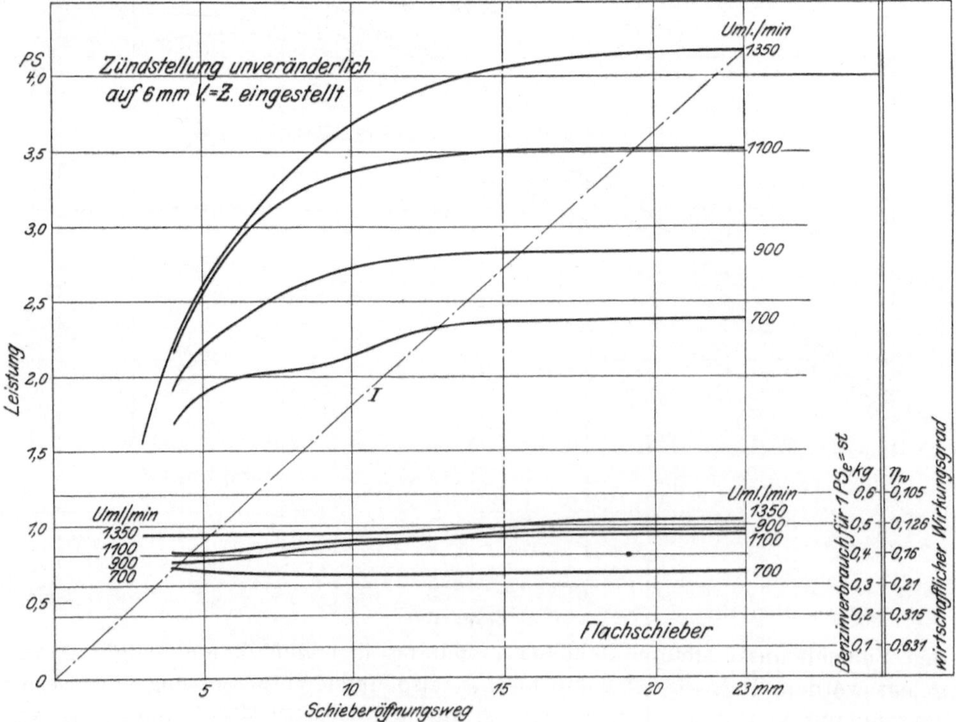

Fig. 49.

PS
4,5
Zündstellung unveränderlich
auf 2 mm V.-Z. eingestellt
Uml./min
1350
4,0
3,5
1100
3,0
900
2,5
700
2,0
Leistung
1,5
1,0
1350 Uml./min
1100 Uml./min
kg
0,5 — 0,426
0,4 — 0,16
700 Uml./min
0,3 — 0,21
0,5
900 Uml./min
0,2 — 0,315
Flachschieber
0,1 — 0,631
0
0
5
10
15
20
23 mm
Schiebereröffnungsweg
Benzinverbrauch für 1 PS_e = st
η_rw
wirtschaftlicher Wirkungsgrad

Fig. 50.

PS
4,5
Zündstellung unveränderlich
auf 10 mm V.-Z. eingestellt
Uml./min
1350
4,0
3,5
1100
3,0
900
2,5
700
2,0
Leistung
1,5
1350 Uml./min
1,0
1100 Uml./min
900 Uml./min
700 Uml./min
0,5
Flachschieber
0
5
10
15
20
23 mm
Schiebereröffnungsweg
kg
0,6 — 0,105
0,5 — 0,126
0,4 — 0,16
0,3 — 0,21
0,2 — 0,315
0,1 — 0,631
Benzinverbrauch für 1 PS_e = st
η_rw
wirtschaftlicher Wirkungsgrad

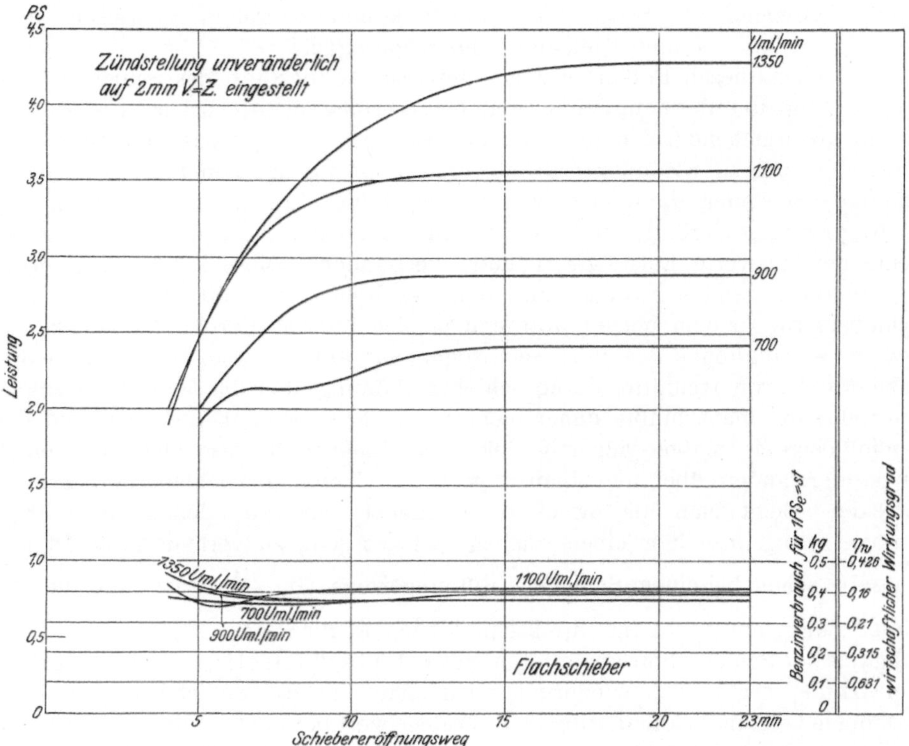

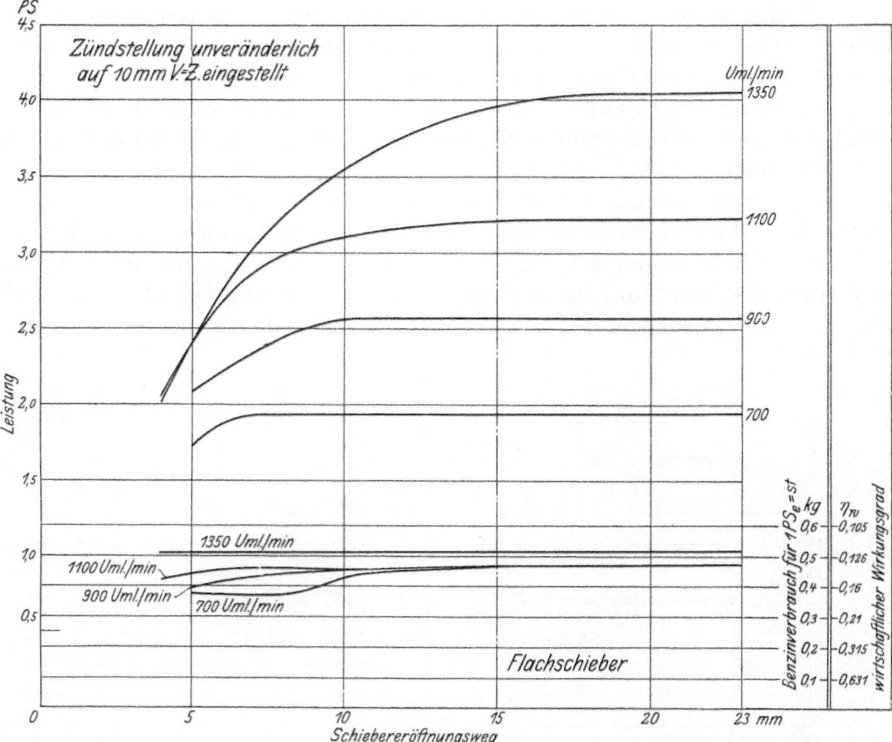

Fig. 51.

leidlich wirtschaftliche Stellungen des Zündkontaktes gelten, beweisen die in den Fig. 50 und 51 niedergelegten Untersuchungen.

In allen diesen Fällen war ein gewisser Mindesthub des Schiebers (3 bis 4 mm) nötig, um überhaupt eine Zündung zu ermöglichen; vorher versagte diese wegen unzureichender Kompression und störender Vergaserbeeinflussung. Vom Punkte beginnender Zündung ab steigt die Leistung mit zunehmender Schieberöffnung erst steiler, dann in abnehmendem Maße. Zuletzt zeigt sie einen nahezu wagerechten Verlauf, mit weiter zunehmender Schiebereröffnung ist also keine nennenswerte Leistungserhöhung verbunden. Diese Erscheinung erklärt sich im vorliegenden Falle daraus, daß der Rohrquerschnitt an der Stelle des Schiebers rd. 5,3 qcm betrug, während er sich im Ansaugrohr nur auf rd. 3,46 und im Ansaugkonus des Vergasers sogar nur auf 2,83 qcm belief. Eine Freigabe des Rohrquerschnittes durch Schiebereröffnung über das Maß dieser engeren Querschnitte hinaus mußte daher mehr und mehr an Einfluß verlieren, und diese Einflußlosigkeit mußte sich mit sinkender Umlaufzahl, also abnehmenden Ansaugwiderständen über ein immer größeres Gebiet der Schieberbewegung erstrecken. Sieht man als Zweck des Schiebers an, nur den Querschnitt der Ansaugleitung, also hier einen solchen von 3,46 qcm, zu verändern, so ist diese

Aufgabe schon bei einem Schieber-Eröffnungswege von $\frac{3,46}{2,3} \infty 1,5$ cm erfüllt, und

dieser Punkt entspricht im Durchschnitt auch leidlich dem Beginn der Einflußlosigkeit der Schieberbewegung. Ein Maßstab für die Stetigkeit der regelnden Einwirkung ergibt sich wiederum, wenn man eine der Schieberbewegung proportionale Leistungsveränderung als erstrebenswert betrachtet, mit anderen Worten also eine Gerade vom Koordinatenanfangspunkt nach dem Endpunkt der Kurve als ideale Regelkurve ansieht (z. B. Fig. 49: Gerade I für oberste Schaulinie).

Schon jetzt sei bemerkt, daß eine anderweitige Profilierung des hier rechteckigen Schiebers auch anderweitige Regelungsgesetze zu erreichen gestattet; es wird darauf noch eingegangen werden.

Der Benzinverbrauch für 1 PS-st hing zwar, wie nicht anders zu erwarten war, von der gewählten Zündstellung und von der Umlaufzahl ab, zeigte aber eine nahezu völlige Unempfindlichkeit gegen Schieberverstellungen. Die Regelung durch Füllungsveränderung wirkte also durchweg in wirtschaftlicher Weise. Die Abhängigkeit des absoluten Benzinverbrauches von den Schieberstellungen würde wegen der ungefähren Konstanz des spezifischen Verbrauches im wesentlichen nur von dem Verlauf der Leistung abhängen, also nahezu durch Kurven vom Charakter der Leistungslinien in den Fig. 49 bis 51 wiederzugeben sein.

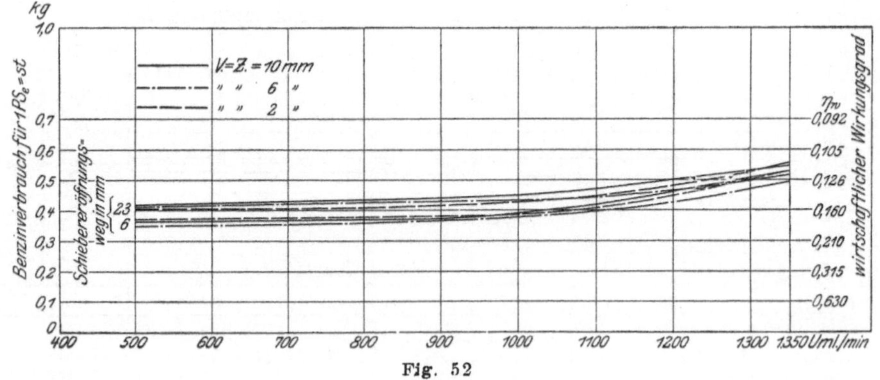

Fig. 52

Der aus den Fig. 49 bis 51 nicht klar ersichtliche Einfluß der Umlaufzahl auf den Brennstoffverbrauch wurde unter den in diesen Figuren gegebenen Voraussetzungen noch besonders nachgeprüft, Fig. 52. Der Verlauf wächst danach, wie schon Fig. 39 dargetan hat, mit den Umlaufzahlen in geringem Maße; die Ergebnisse decken sich teilweise mit denen dieser Figur. Bei schnellem Maschinengang streifte sich flüssiges Benzin an der Schieberfläche ab, was gelegentlich einer vorübergehenden Undichtigkeit des Schiebergehäuses zu einem Austropfen des Brennstoffes führte und so bemerkbar wurde. Die Folge war

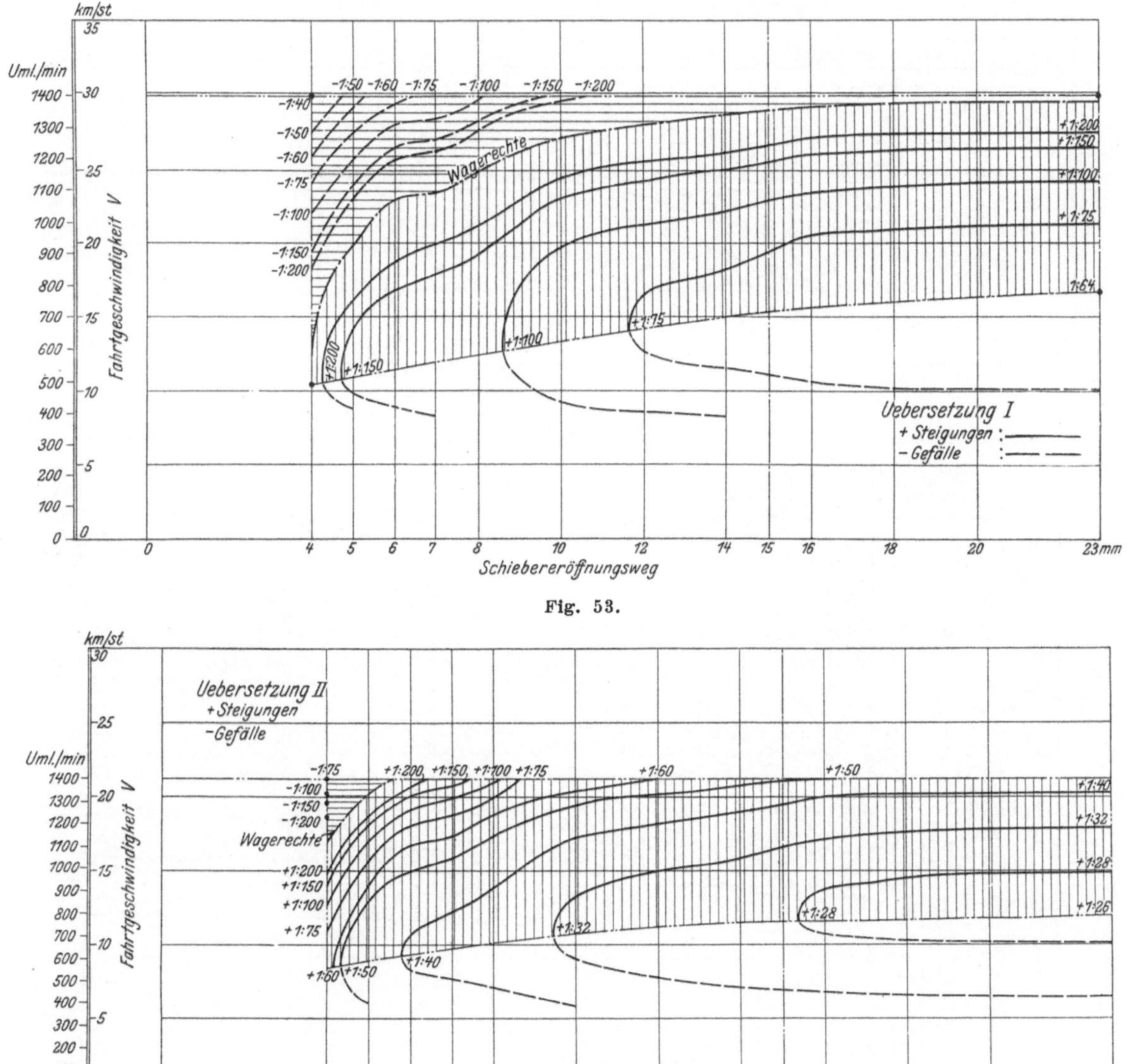

Fig. 53.

Fig. 54.

erhöhter Benzinverbrauch, der übrigens auch ohne die erwähnte Undichtigkeit dadurch eintreten wird, daß der abgestreifte Brennstoff späterhin, zu Tropfen geballt, in den Zylinder gelangt und dort nicht vollkommen verbrennt.

Die Schieberwirkung im Fahrbetriebe ist in genau der Weise untersucht worden, wie die der gleichem Zwecke dienenden Zündverstellung (vergl. Fig. 40

bis 43), nämlich durch Deckung der in Fig. 47 verzeichneten Kurvenschar mit denen der Fig. 32 bis 34; den Verstellungswegen des Zündkontaktes entsprechen hier solche des Flachschiebers. Die zu den einzelnen Uebersetzungen gehörigen Schaulinien sind aus den Fig. 53 bis 55 zu entnehmen, ihre Zusammenstellung aus Fig. 56.

Auch hier besitzen die Linien, entsprechend dem zweimaligen Schnitt der Maschinenleistungs- mit den Fahrtleistungskurven, einen unteren und einen oberen

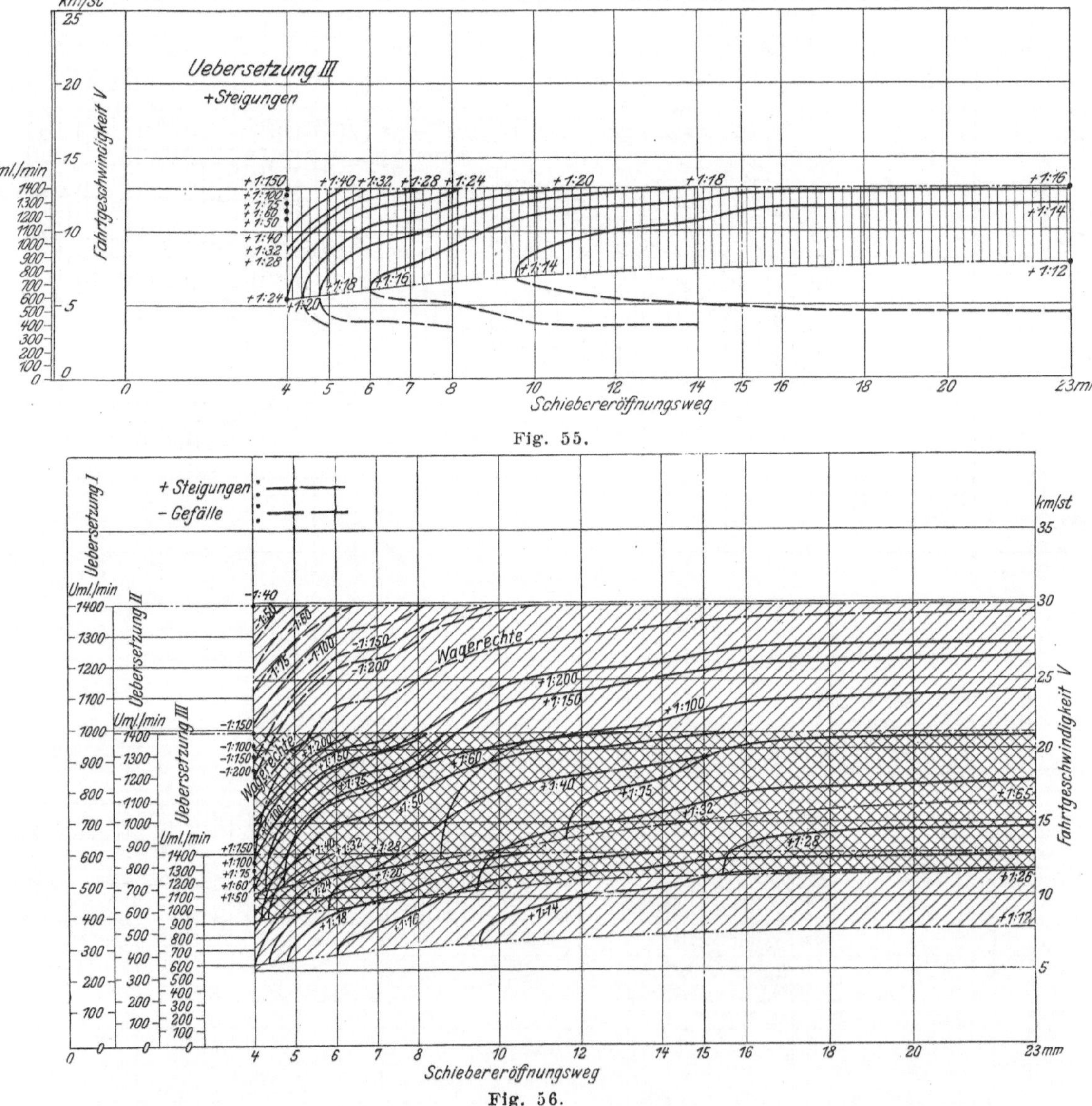

Fig. 55.

Fig. 56.

Ast, von denen nur der letztere wegen seiner größeren Sicherheit und Ausgedehntheit in Frage kommt. Die praktisch brauchbaren Endlagen des Schiebers begrenzen links und rechts das Regelgebiet, wobei rechts wiederum ein gewisser Schieberweg als nahezu einflußlos weggelassen werden könnte Die empfehlenswerte Einhaltung einer höchsten Umlaufzahl legt die obere Grenze fest.

Alle an die Diagramme der Fig. 40 bis 43 geknüpften Erörterungen, insbesondere auch das, was über die Idealisierung der diesen Diagrammen unterstellten Maschinenleistungskurven gesagt wurde, gelten sinngemäß auch hier. Auch hier ist ferner die einer Fahrt auf der Wagerechten entsprechende Schaulinie aus Fig. 53 auf dem Versuchswege nachgeprüft worden, Fig. 57, und zwar einmal für eine feste Vorzündung von 6 mm Kolbenweg, das andere Mal für eine in jedem Falle wirtschaftlichste Zündung. Der geringe Unterschied der Leistungs- und Verbrauchslinien ist erkenntlich, die Uebereinstimmung der Versuchskurven mit den zeichnerisch ermittelten eine gute.

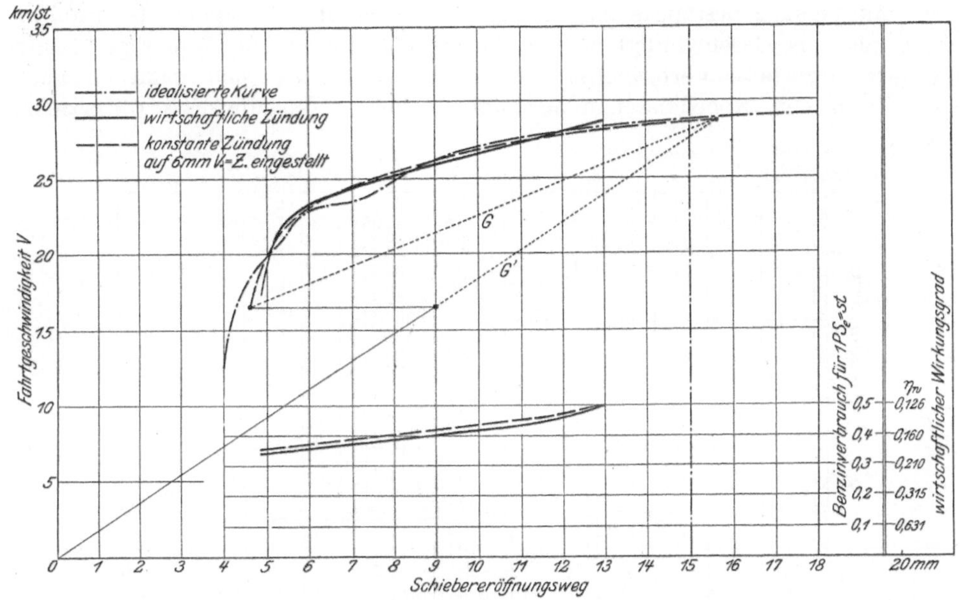

Fig. 57.

Die eine der beiden Geschwindigkeitslinien, nämlich die für unveränderliche Zündstellung, ist benutzt worden, um ein Schieberprofil für ein gegebenes Regelgesetz zu konstruieren. Als solches Gesetz wurde im vorliegenden Falle eine Leistungsveränderung nach der Geraden G in Fig. 57 angenommen und danach ein Schieberspiegel, Fig. 58, hergeleitet und eingebaut.

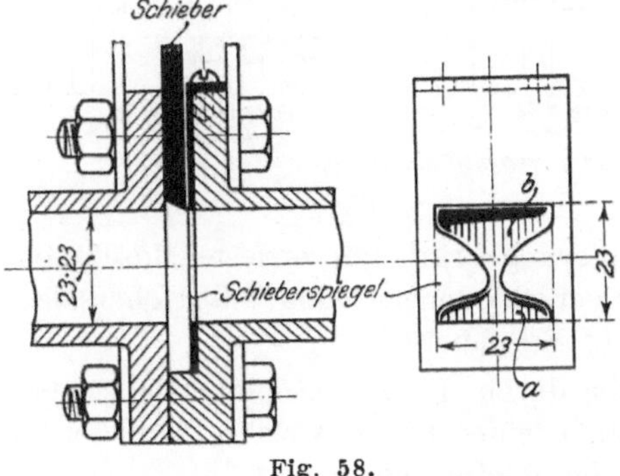

Fig. 58.

Das einfache, sich auf die durch den Versuch ermittelte Abhängigkeit der Fahrtgeschwindigkeit von dem freien Schieberquerschnitt stützende Herleitungsverfahren bedarf wohl keiner Erörterung; der, wie schon hervorgehoben, übergroße Regelungsquerschnitt gestattete den Einbau des geringeren profilierten Querschnittes ohne Drosselung. Der untere Teil desselben a stellt das zur Ermög-

4*

lichung einer Zündung erforderliche Querschnittsminimum dar und kann beliebig geformt werden, der obere *b* die eigentliche Regelfläche. Der Uebergang von *a* zu *b* darf kein springender sein, *a* also nicht etwa als Rechteck ausgeführt werden, da sonst ein geringer Fehler in der Schiebereinstellung zu einem Versager Veranlassung geben könnte. Je schmaler der Querschnitt, je größer also der Schieberhub, um so genauer kann das gewünschte Regelungsgesetz eingehalten werden.

Ein Versuch bestätigte im vorliegenden Falle die Richtigkeit des Profiles, ergab also als Geschwindigkeitslinie tatsächlich die Gerade *G* in Fig. 57 und die dort dargestellte Verbrauchskurve. Ebenso gut hätte sich natürlich auch eine durch den Koordinatenanfangspunkt gehende Leistungslinie *G'* erzielen lassen.

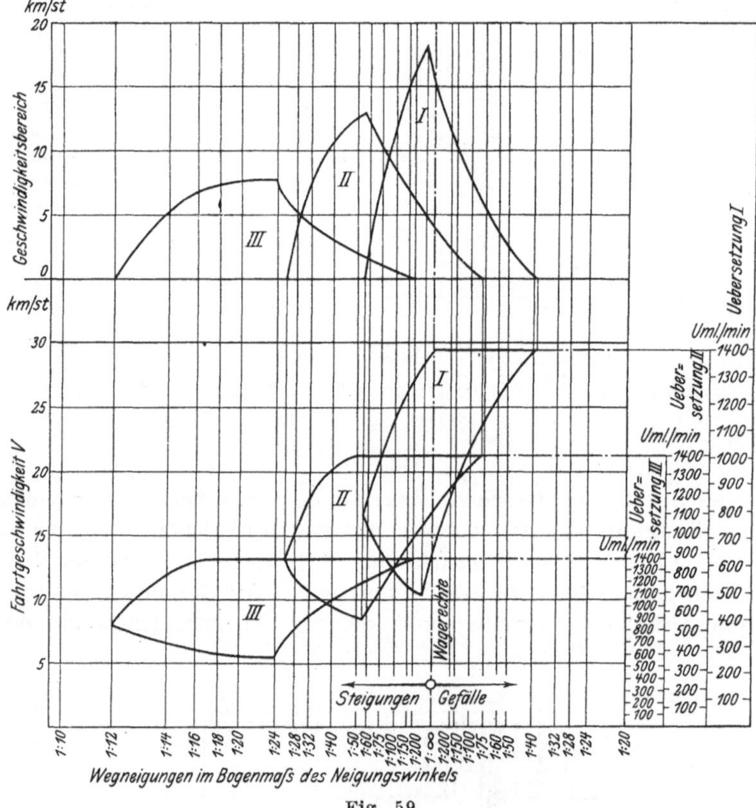

Fig. 59.

Die Schieberprofilierung ergibt für ortfeste Maschinen völlig genaue, für Fahrzeugmotoren trotz verschiedener Gefälle und Uebersetzungen immerhin noch hinreichend angenäherte Ergebnisse.

Die bei Drosselung durch den Flachschieber mögliche Terrainbeherrschung ist aus Fig. 59 ersichtlich, einer Figur, welche nach dem schon bei Fig. 45 angewendeten Verfahren hergeleitet worden ist.

Die bisherigen Besprechungen über die Füllungsregelung durch einen Flachschieber bei leidlich wirtschaftlicher Zündung lassen sich dahin zusammenfassen, daß diese Regelung bei Stand- und Fahrzeugmaschinen stets wirtschaftlich, jedoch wenig stetig wirkt, wenn — wie oft bei praktischen Ausführungen — die Querschnittsverengung ungefähr proportional dem Ausschlag des das

Drosselorgan bewegenden Handhebels vor sich geht. Durch Profilierung dieses Organs läßt sich jedoch dagegen Abhülfe schaffen.

Zusammenwirken der besprochenen Regelungen durch Zündpunktverlegung und Füllungsveränderung.

Wie schon eingangs angegeben, sind Automobilmaschinen fast durchweg mit zwei Regelungseinrichtungen: einer Zündungsverstellung und einer Ansaugdrosselung, ausgerüstet. Wir wissen, daß letztere wirtschaftlich und — bei Anwendung eines profilierten Schiebers — auch stetig wirkt, sich also durchaus als Hauptregelung empfiehlt. Demnach bleibt nur noch zu untersuchen, ob und in welchem Maße sich etwa der Regelbereich durch Beibehaltung der Zündpunktverlegung erweitern läßt, natürlich ohne Inkaufnahme eines allzu hohen Brennstoffverbrauches.

Prüfen wir daraufhin beide Regelungen zunächst unter der Voraussetzung, daß die Versuchsmaschine für ortfeste Zwecke Verwendung finden soll, vergleichen wir also die Figuren 36 und 37 (Zündpunktverlegung) mit den Figuren 49 bis 51 (Füllungsveränderung), so ergibt sich, daß die Zündpunktverlegung eine Veränderung der Leistung zwar in weiteren Grenzen gestattet, als die Drosselung, aber doch nur unter Inkaufnahme einer Unwirtschaftlichkeit, welche praktisch nicht mehr zulässig erscheint. Sieht man einen untersten wirtschaftlichen Wirkungsgrad von rd. 9 vH als den im äußersten Falle erträglichen an, so wird damit auch die Regelung durch Füllungsveränderung der durch Zündpunktverlegung hinsichtlich des Regelungsbereiches überlegen, und das gilt für alle möglichen Zündstellungen, also auch für die stärkster Vorzündung.

Die Zündung einer ortfesten Automobilmaschine soll daher im normalen Betriebe auf eine mittlere wirtschaftliche Zündung (hier etwa 6 mm V.-Z.) fest eingestellt sein, und der Regulator soll ausschließlich durch Füllungsveränderung wirken. Eine Verstellung der Zündung muß trotzdem möglich sein, nämlich zur Verhütung des Rückschlages beim Anwerfen der Maschine, sollte aber am besten durch die Andrückbewegung der Anwurfkurbel, also selbsttätig erfolgen.

Zur Beurteilung der Zusammenwirkung beider Regelungsarten beim Fahrbetriebe genügen die bisher gewonnenen Diagramme nicht, da sie nicht alle praktisch möglichen Kombinationen von Drosselungs- und Zündungsstellungen berücksichtigen. Beim Fahrbetriebe ist aber das Bedürfnis nach weitgehender Steigungs- und Geschwindigkeitsbeherrschung ein so großes, daß ihm zuliebe die Rücksichtnahme auf Sparsamkeit im Brennstoffverbrauch — innerhalb gewisser Grenzen — zurücktritt, also auch extremere Stellungen der Zündung unter Umständen Beachtung finden müssen.

Um demnach eine völlig unbeschränkte Zusammenwirkung beider Regelungen untersuchen zu können, wurde auf die Figuren 19 bis 24 zurückgegriffen, welche ja alle möglichen Regelungsstellungen — wenigstens in gewissen Abstufungen — berücksichtigen. Deckt man die Schaulinien dieser Figuren mit den in Fig. 32 bis 34 enthaltenen Fahrtleistungskurven, stellt die sich aus den Schnittpunkten ergebenden Regelkurven so zusammen, wie das schon in den Figuren 40 bis 43 bezw. 53 bis 56 gezeigt wurde, und veranschaulicht die Geländebeherrschung nach Art der Figuren 45 bezw. 59, so ergeben sich genügend klare Unterlagen zur Beantwortung der zu prüfenden Frage. So ist denn auch vorgegangen worden; es sind fernerhin auch die Annahmen, Idealisierungen usw.

benutzt worden, welche den erwähnten früheren Figuren zugrunde liegen, natürlich immer innerhalb praktischer Grenzen.

In Fig. 60, welche für die Uebersetzung I gilt, gibt jede Kurve Aufschluß über die auf verschiedenen Wegneigungen durch Verstellung der Ansaugdrosselung bei fester Zündstellung mögliche Veränderung der Fahrtgeschwindigkeit.

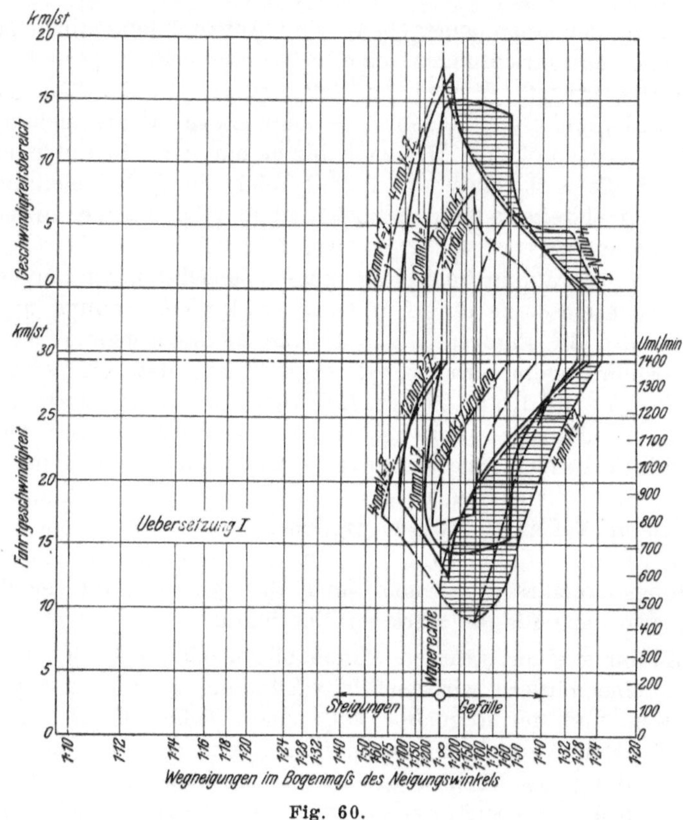

Fig. 60.

Die den verschiedenen Kurven entsprechenden Zündstellungen sind in den Abstufungen

20, 12, 4 mm V.-Z., Totpunktzündung und 4 mm N.-Z.

gewählt, da diese Abstufungen genügten, um das Wesentliche zu klären.

Betrachten wir früheren Schaulinien zufolge 4 mm V.-Z. als im Mittel wirtschaftlich, so folgt, daß der Gewinn an Geländebeherrschung durch Benutzung starker, also weniger wirtschaftlicher Vor- oder Nachzündung nicht darin liegt, daß sich ein irgendwie erheblicher Zuwachs an überhaupt befahrbaren Wegneigungen ergibt, sondern darin, daß man auf Gefällen, welche sonst nur mit hohen Geschwindigkeiten befahren werden können, nunmehr auch langsamer fahren kann, mit anderen Worten, daß also der Geschwindigkeitsbereich wächst. Dieses Wachsen tritt bei starker Nachzündung noch in höherem Maße ein, als bei starker Vorzündung. Nun ist zu bedenken, daß letztere bei geringer Schnelligkeit der Fahrt, also auch niedrigen Umlaufzahlen der Maschine — wie solche gerade da vorhanden sind, wo die starke Vorzündung zu einer im Sinne der langsamen Fahrt erweiterten Geländebeherrschung verhelfen könnte — leicht zu einem Klopfen des Motors führt, und daß die verwendete Nachzündung bei

4 mm Kolbenweg einen außerodentlichen Brennstoffverbrauch herbeiführt (vergl.
Fig. 36 und 37). Will man eine solche Vergeudung nicht zulassen, und das ist
sicherlich unbedingt zu empfehlen, so muß die Verwendung der Nachzündung
eingeschränkt werden. Dann bleibt von dem Gewinn an Geländebeherrschung, welch' letztere etwa durch den Inhalt der von den Kurven umschlos-
senen Fläche ausgedrückt wird, nur noch wenig übrig. Man ersieht das
auch sofort, wenn Fig. 53 und 40 nach Art der Fig. 60 bearbeitet und dann
gedeckt werden (Fig. 61). Die durch erträgliche Zündlagen erreichte Regelfläche überschreitet die reiner Drosselung nur in dem geringen schraffierten
Stück.

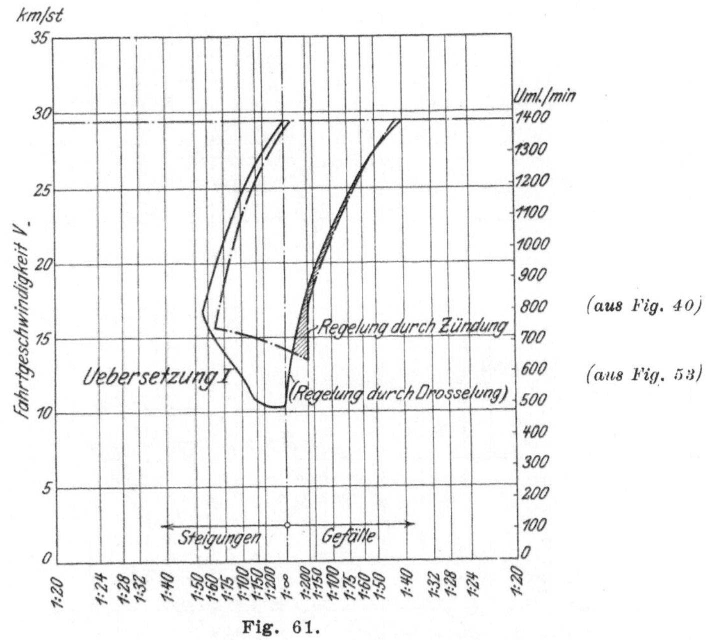

Fig. 61.

Die für die Uebersetzung I hergeleiteten Erwägungen gelten, unter entsprechender Geschwindigkeitsreduktion, auch für die anderen; in Fig. 62 ist
die Wirkungsweise der drei Uebersetzungen dargestellt.

Die Folgerungen, welche sich aus dem Vorhergehenden für die Praxis
ergeben, werden sich etwa so zusammenfassen lassen:

Eine ausschließliche Maschinenregelung durch Füllungsveränderung und
eine selbsttätige, also durch einen Schwungkugelregler erfolgende Einstellung
der Zündung auf größte Wirtschaftlichkeit sichert zwar theoretisch sparsames
Fahren und — abgesehen von Langsamfahrt auf Gefällen — auch genügende
Geländebeherrschung. In Anbetracht der schon eingangs erörterten Schwierigkeiten des Regulatorbetriebes bei Kraftwagen und der sich daraus leicht ergebenden Störungen der gewünschten Zündungsverlegung erscheint jedoch eine
feste Einstellung der Zündung auf eine gute mittlere Wirtschaftlichkeit einfacher
und gleich sparsam, wenn man bedenkt, daß der spezifische Brennstoffverbrauch
in den betreffenden Zündungslagen nur sehr wenig schwankt, und zwar so
wenig, daß er jedenfalls trotz der möglichen Schwankungen normal nur eine
geringe Rolle unter den gesamten Betriebskosten spielt.

Diese Regelungsanordnung, also feste Zündung und reine Füllungsregelung, ist da, wo eine einwandfreie Wagenbedienung nicht zu

erwarten steht, also beim normalen Gebrauchswagen zu empfehlen; sie verhindert Brennstoffvergeudung und sichert ausreichende Geländebeherrschung. Da wo letztere versagt, also bei Langsamfahrt auf Gefällen kann man sich nötigenfalls leicht durch Zuhilfenahme der Bremsen und Kupplung helfen. Naturgemäß muß eine Nachzündung beim Andrehen der Maschine möglich sein und wird wiederum am vorteilhaftesten durch die Andrückbewegung der Anwerfkurbel eingeleitet.

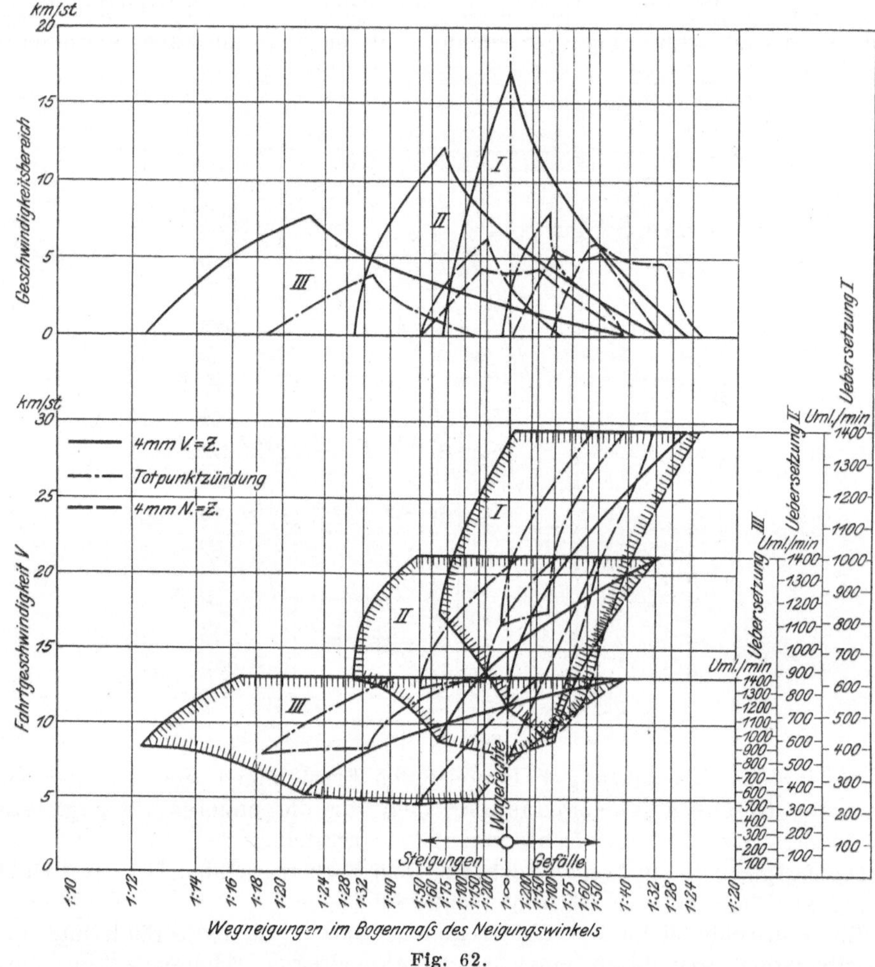

Fig. 62.

Eine völlig freie Verstellung der Zündung sollte nur da zugelassen werden, wo ein durchaus kundiger Wagenführer zu erwarten steht.

Ein Kompromiß zwischen völlig fester und ganz frei gegebener Zündung kann durchgeführt werden, indem der Verstellungshebel der Füllungsregelung allein auf dem Lenkrad und deshalb besonders gut zugänglich untergebracht wird, während der Zündungshebel an einer beim Fahren weniger gut zugänglichen Stelle liegt. Man zwingt so den Wagenführer, sich der Ansaugdrosselung als Hauptregelung zu bedienen.

Wirkung der Regelung durch Füllungsveränderung mittels Drosselklappe und Drosselventils.

Grundsätzlich wird die Ansaugdrosselung durch Drosselklappe oder Drosselventil zu denselben Ergebnissen führen, wie die bereits untersuchte Drosselung durch einen Flachschieber, denn das benutzte Regelungsverfahren ist das gleiche. Wenn trotzdem die Untersuchung noch auf andere, in der Praxis verwendete Absperrorgane, als den Schieber erstreckt wurde, so geschah es, um Vergleichsunterlagen zur Beurteilung dieser Organe zu gewinnen.

Der Versuchsgang war der gleiche, wie beim Flachschieber, d. h. die zu untersuchenden Einrichtungen, also eine Drosselklappe, Fig. 63, und ein Ventil, Fig. 64, wurden in die Saugleitung eingebaut, und dann ermittelte man zunächst wiederum die Abhängigkeit der Leistung von der Umlaufzahl bei unveränderlicher Zündung (6 mm V.-Z.) und veränderlichen Stellungen des Drosselorganes, Fig. 65 und 66.

Diese Stellungen sind bei

der Drosselklappe in Graden des Winkelausschlages (»° W.-A.«)
dem Drosselventil in mm Ventilhub (»mm V.-H.«)

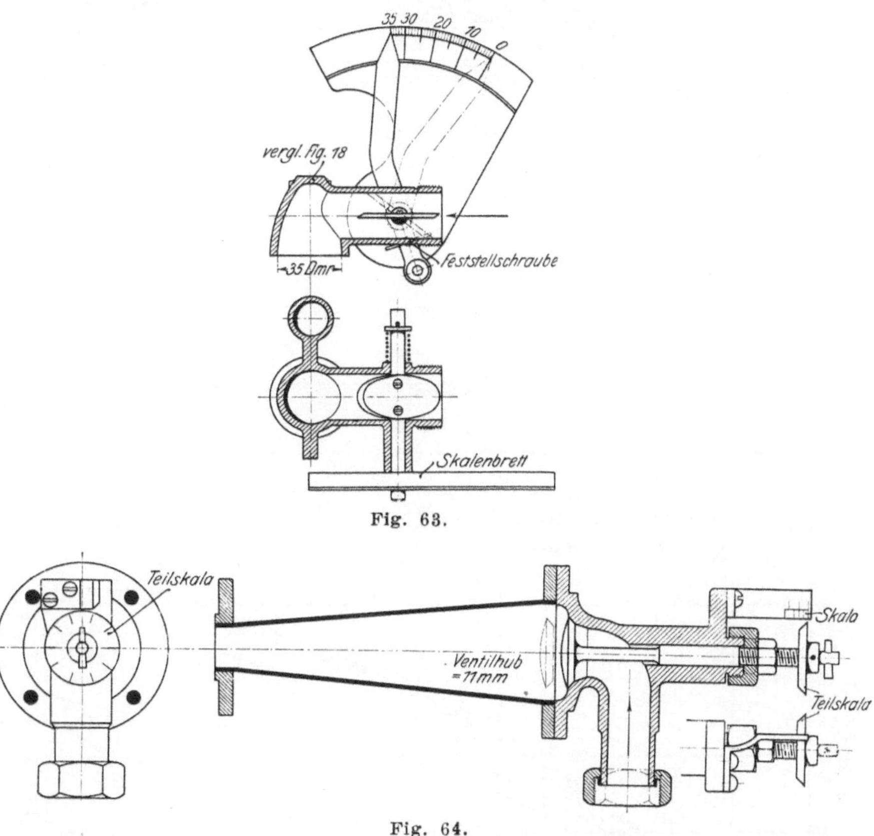

Fig. 63.

Fig. 64.

ausgedrückt, wobei, wie schon beim Flachschieber, die Abschlußstellung als Anfangslage betrachtet worden ist.

Vergleicht man die erhaltenen Kurvenscharen mit der des Flachschiebers, Fig. 47, so fallen bei ersteren die, namentlich an tiefliegenden Kurven auftretenden, stärkeren Einsattelungen auf. Die durch die eingebauten Weghindernisse beeinflußten Schwingungserscheinungen der Ansaugsäule dürften wiederum die Ursache sein.

Die Diagramme, welche, wie beim Flachschieber schon durchgeführt, Fig. 49 bis 51, die Leistung in Abhängigkeit von der Stellung des Drosselorganes zeigen, sind für die Drosselklappe in Fig. 67 bis 69, für das Drosselventil in

Fig. 70 bis 72 enthalten. Sie sind auch hier für 3 Zündstellungen und verschiedene Umlaufzahlen durchgeführt; jede Figur entspricht einer Zündstellung, jede Kurve einer Umlaufzahl.

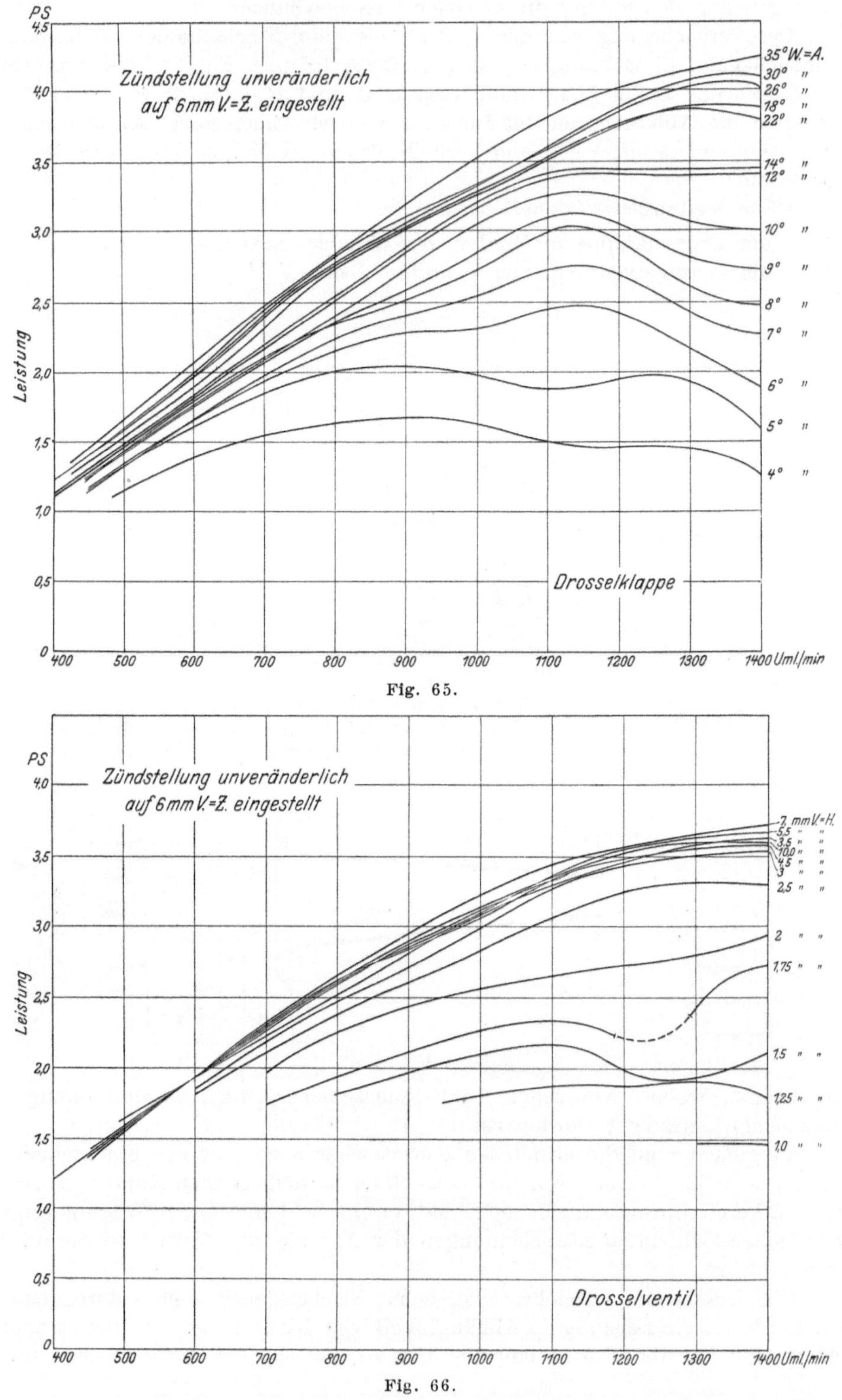

Fig. 65.

Fig. 66.

PS
Umt./min
Zündstellung unveränderlich auf 2 mm V.-Z. eingestellt
4,0
1350
3,5
1100
3,0
900
2,5
700
Leistung
2,0
1,5
Uml./min
1350
1,0
1100
900
700
0,5
Drosselklappe
0
5 10 15 20 25 30 35°
Winkelausschlag
kg η_w
0,7 0,09
0,6 0,105
0,5 0,126
0,4 0,16
0,3 0,21
0,2 0,315
0,1 0,631
Benzinverbrauch für 1 PS_e·st
wirtschaftlicher Wirkungsgrad

Fig. 67.

PS
Uml./min
Zündstellung unveränderlich auf 6 mm V.-Z. eingestellt
4,0
1350
3,5
1100
3,0
900
2,5
700
Leistung
2,0
1,5
Uml./min
1350
1,0
1100
900
700
0,5
Drosselklappe
0
5 10 15 20 25 30 35°
Winkelausschlag
kg η_w
0,6 0,105
0,5 0,126
0,4 0,16
0,3 0,21
0,2 0,315
0,1 0,63
Benzinverbrauch für 1 PS_e·st
wirtschaftlicher Wirkungsgrad

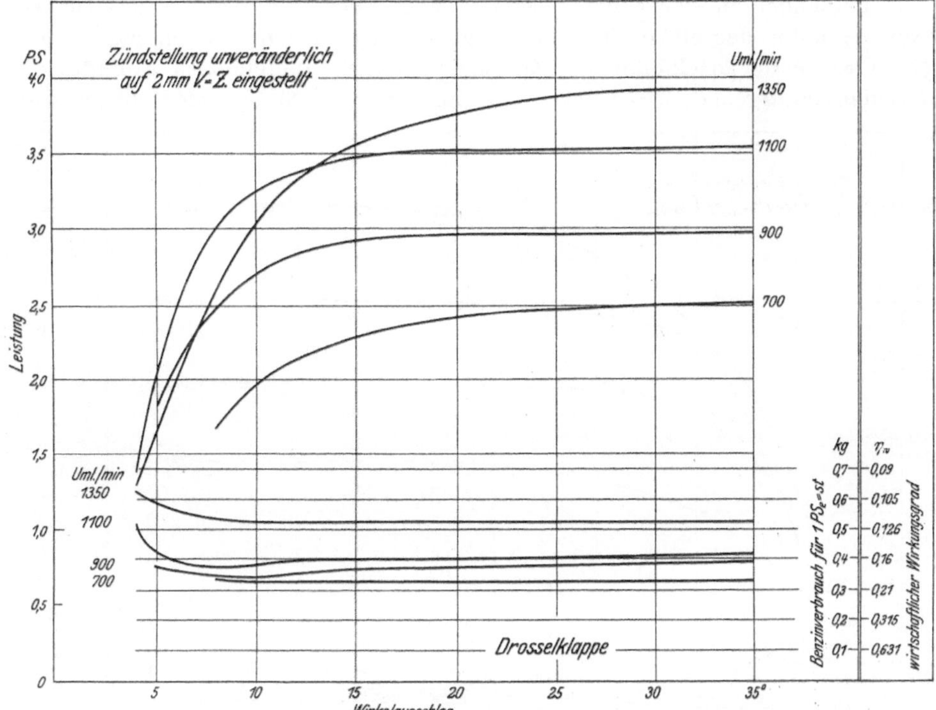

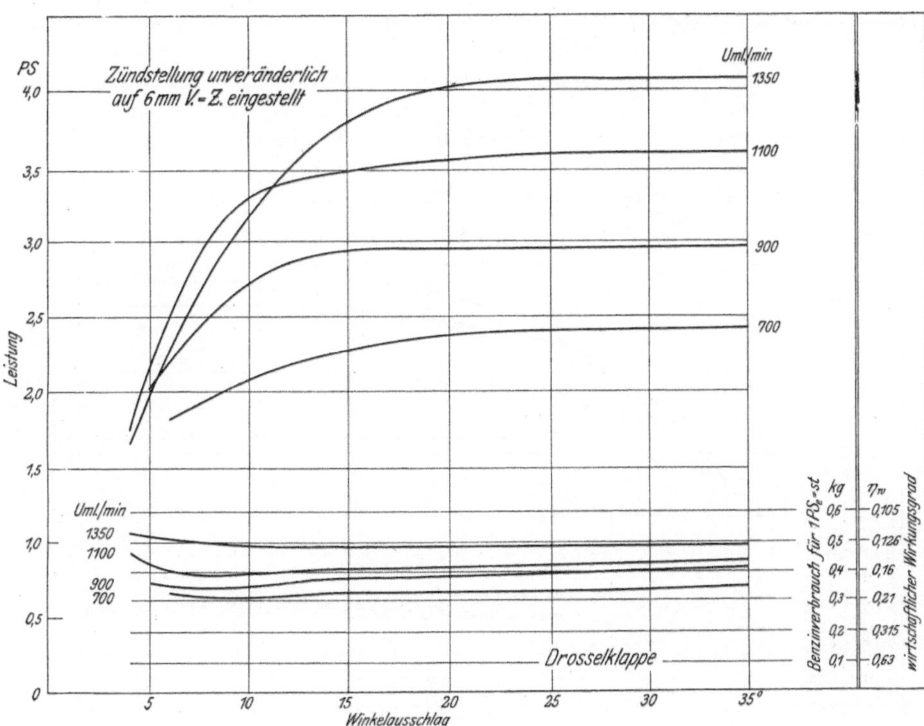

Fig. 68.

Miteinander zu vergleichen, weil — abgesehen von der Art des Drosselorgans — unter denselben Voraussetzungen ermittelt, sind die in einer wagerechten Reihe der nachfolgenden Zusammenstellung aufgeführten Abbildungen,
auf denen naturgemäß die Kurven gleicher Umlaufzahl einander entsprechen:

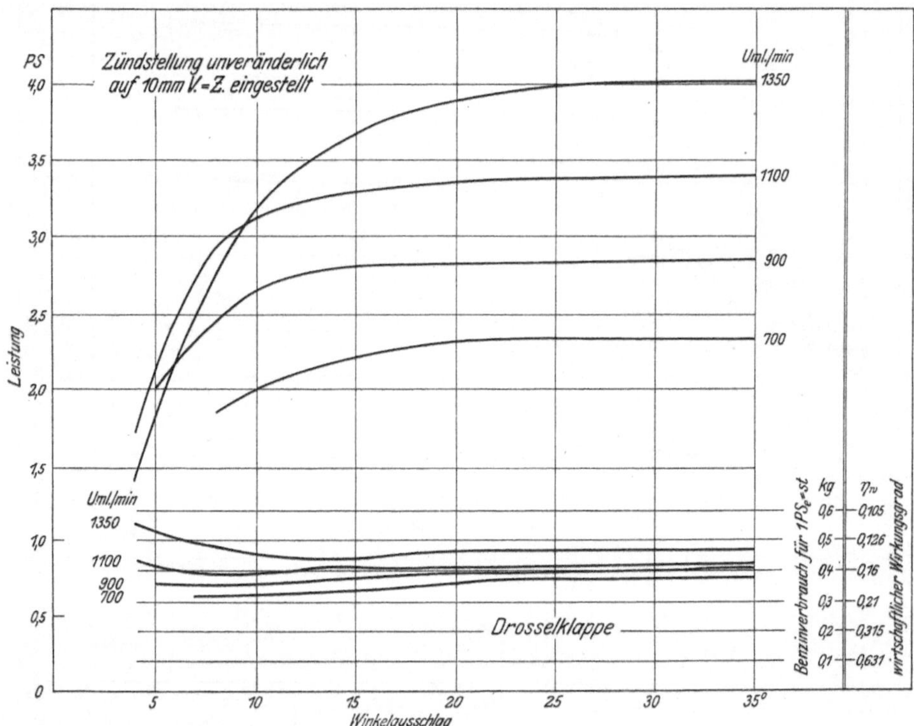

Fig. 69.

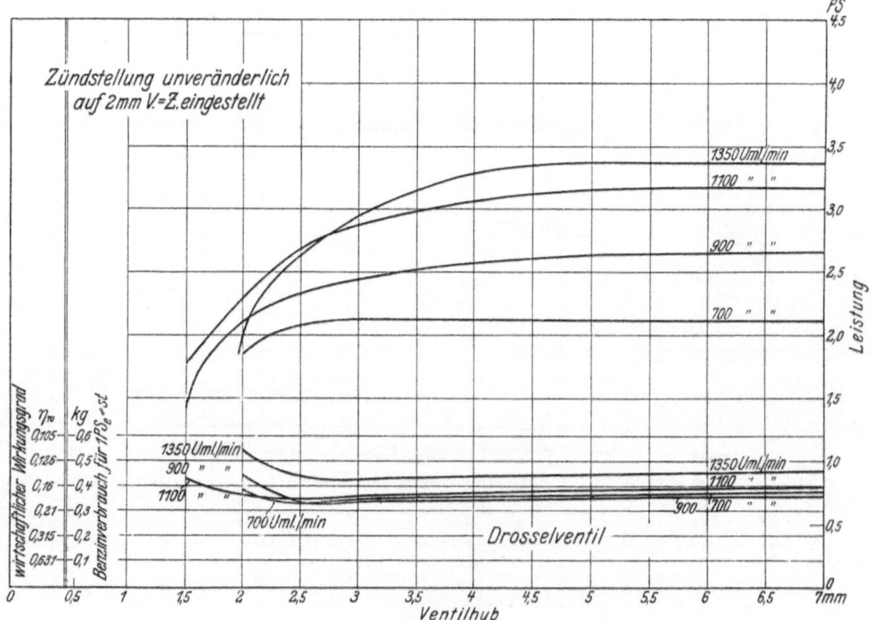

Fig. 70.

Stellung der Zündung	Drosselorgan		
	Flachschieber	Drosselklappe	Drosselventil
2 mm V.-Z.	Fig. 50	Fig. 67	Fig. 70
6 » »	» 49	» 68	» 71
10 » »	» 51	» 69	» 72

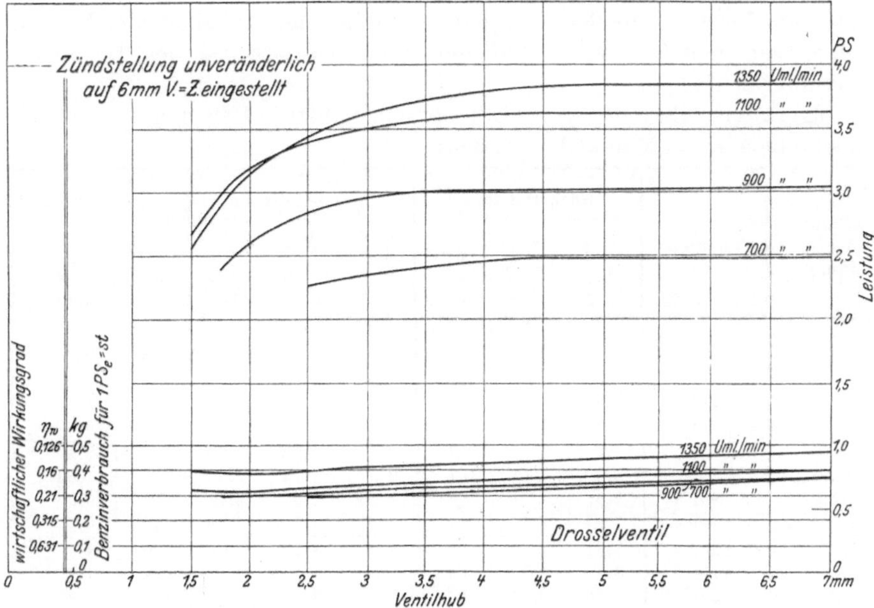

Fig. 71.

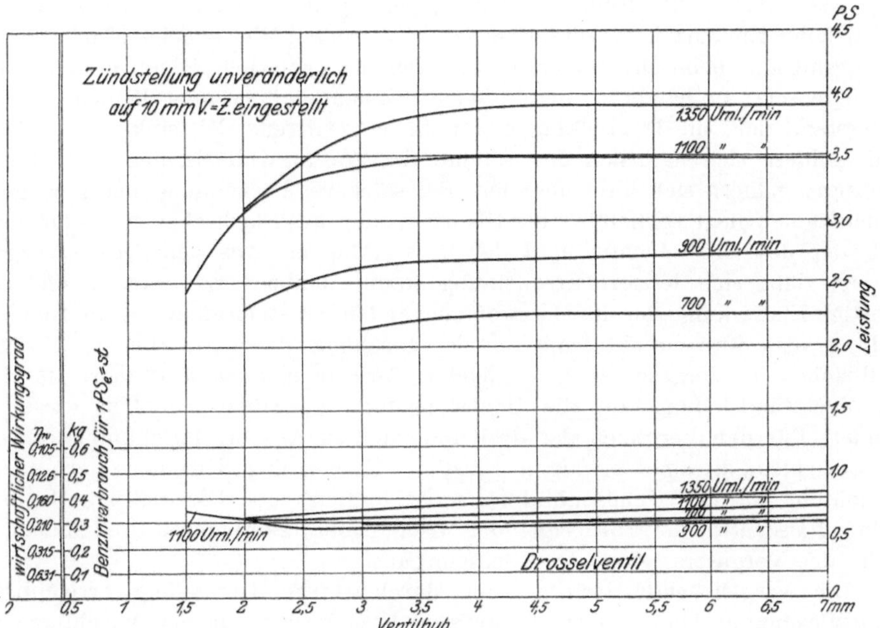

Fig. 72.

Als Gesichtspunkte des Vergleiches kommen in Frage:

Beherrschter Leistungsbereich,
Stetigkeit der Regelung,
Wirtschaftlichkeit der Regelung.

Ganz allgemein zeigt sich bei starker Drosselung durch Drosselklappe oder Ventil eine erheblichere Kurvenüberkreuzung als beim Flachschieber unter gleichen Umständen. Bei ein und derselben Stellung der Regelungseinrichtung fällt also die Leistung an den betreffenden Stellen mit zunehmender Umlaufzahl ab, eine Erscheinung, welche auf den Ansaugwiderstand des Drosselorgans zurückzuführen ist.

Folgerungen über den Bereich der einstellbaren Leistung lassen sich aus der nachfolgenden Zahlentafel herleiten:

Stellung der Zündung	Umlaufzahl	Höchstleistung			Mindestleistung			Leistungsbereich		
		Flach-schieber	Drossel-klappe	Drossel-ventil	Flach-schieber	Drossel-klappe	Drossel-ventil	Flach-schieber	Drossel-klappe	Drossel-ventil
2 mm V.-Z.	1350	4,3	3,9	3,37	2,0	1,3	1,85	2,3	2,6	1,52
	1100	3,55	3,54	3,17	2,0	1,33	1,8	1,55	2,21	1,62
	900	2,87	2,96	2,66	2,0	1,8	1,43	0,87	1,16	1,23
	700	2,42	2,5	2,11	1,65	1,67	1,85	0,77	0,83	0,26
6 mm V.-Z.	1350	4,18	4,07	3,85	2,0	1,68	2,55	2,18	2,39	1,3
	1100	3,5	3,58	3.62	2,0	1,74	2,67	1,5	1,84	0,95
	900	2,83	2,96	3,02	1,93	2,0	2,4	0,9	0,96	0,62
	700	2,37	2,42	2,5	1,7	1,8	2.26	0,67	0,62	0,24
10 mm V.-Z.	1350	4,04	4,0	3 9	2,0	1,4	3,09	2,04	2,6	0,81
	1100	3.2	3,4	3,48	2,0	1,7	2,43	1,2	1,7	1,05
	900	2,56	2,85	2,75	2,1	2,0	2,3	0,16	0,85	0,45
	700	1.93	2,32	2,25	1,73	1,84	2,15	0,20	0,48	0,10

Es ergibt sich:

Die durch volle Eröffnung der Absperrorgane erreichbare Höchstleistung weist, hohe Umlaufzahlen vorausgesetzt, die größten Werte beim Flachschieber, die geringsten beim Drosselventil auf. Das ist erklärlich, denn ersterer stellt im Gegensatz zu letzterem in geöffnetem Zustand überhaupt keinen Ansaugwiderstand dar, die Drosselklappe nur einen geringen. Mit sinkender Umlaufzahl mildert sich natürlich der Einfluß des Ansaugwiderstandes, die Höchstleistungen nähern sich also einander. Bei stärkerer Vorzündung und geringeren Umlaufzahlen liegt schließlich die Höchstleistung des Flachschiebers sogar unterhalb der des Drosselventils und der Drosselklappe. Aus dem Drosselvorgang an sich läßt sich letztere Erscheinung kaum deuten. Es scheint, daß eine günstige Einwirkung der im Gasstrom liegenden Drosselorgane auf die Gemischbildung, also etwa auf die Innigkeit der Mischung, vorliegt, ähnlich wie auch Prellflächen im Vergaser zu dem gleichen Zwecke eingebaut werden; der Einfluß der Zündstellung auf die Höchstleistung unterstützt jedenfalls diese Annahme. Für den Vergleich der drei untersuchten Absperreinrichtungen kommt der Gesichtspunkt einer etwaigen günstigen Einwirkung der einen oder anderen Einrichtung auf die Gemischbildung nicht in Betracht. Die richtige Gemischbildung, also etwa die Förderung der Mischungsinnigkeit durch Prellflächen, ist Sache des Vergasers, nicht des Drosselorgans.

Die vergleichende Prüfung der durch starke Drosselung erreichbaren Mindestleistungen leidet an einer gewissen Unsicherheit, da der Maschinengang kurz vor dem Versagen der Zündung naturgemäß schwankend war, so daß

Zufälligkeiten starken Einfluß erlangen konnten. Das Drosselventil gestattete durchschnittlich die geringste Tiefregelung der Leistung, die Drosselklappe die weitgehendste. Der durch die Regelung beherrschte Leistungsbereich, also der Unterschied von Höchst- und Mindestleistung, war also bei der ersteren Vorrichtung auch am geringsten, bei der letzteren am größten. Der Abstand zwischen Drosselklappe und Flachschieber war in dieser Hinsicht erträglich. Einwirkungen des Drosselorgans auf die Schwingungserscheinungen der Ansaugsäule, auf deren Druckverhältnisse und damit auf die Gemischbildung haben natürlich auch hierbei eine Rolle gespielt.

Der Vergleich der drei Regelungsvorrichtungen hinsichtlich des Regelbereiches fällt also zu Ungunsten des Drosselventils aus, und an diesem Ergebnis wird auch nichts geändert, wenn etwa dieser Bereich von einer Höchstleistung, welche allen drei Organen erreichbar ist, an gerechnet wird. Bedenkt man dazu, daß ein solches Ventil in anbetracht seines geringen Hubes nur mit Hülfe eines Schraubenantriebes, also mehrfacher Umdrehung der Ventilspindel sicher eingestellt werden kann, so erscheint es begreiflich, daß die Praxis nur noch selten diese Drosseleinrichtung benutzt.

Die Stetigkeit der Regelung ist bei Flachschieber, Drosselklappe und Drosselventil nahezu gleichwertig. Reduziert man die Kurven der Fig. 49 bis 51 und 67 bis 72 auf gleiche Längenausdehnung in Richtung der Abszissenachse und sieht — wieder unter der Annahme, daß eine Regelung der Leistung nach einer den Anfangs- und Endpunkt der Kurven verbindenden Geraden erstrebenswert sei — die größte Pfeilhöhe der Kurven normal zu dieser Geraden als Maß für die Unstetigkeit an, so ergibt sich eine sichere Ueberlegenheit der einen oder andern Drosseleinrichtung nicht. Ein Eingehen auf diesen Punkt erübrigt sich, da feststeht, daß ein Schieber durch entsprechende Profilierung beliebigen Regelungsgesetzen dienstbar gemacht werden kann und daher hier unbedingt überlegen ist.

Der Benzinverbrauch für eine effektive Pferdestärkenstunde liegt bei allen drei Absperrorganen in so übereinstimmenden Grenzen, daß in anbetracht des schon erörterten geringeren Einflusses dieses Verbrauches auf die gesamten Betriebskosten auch hier keines der Organe besonders hervortritt. Das gelegentliche Ansteigen der Verbrauchskurven bei stärkster Drosselung ist auf mechanische Brennstoffabscheidung durch Anprall zurückzuführen.

Der Vergleich der drei untersuchten Drosselungsvorrichtungen spricht zugunsten des Schiebers und zwar des profilierten Schiebers. Man würde einen solchen aber nicht, wie im vorliegenden Falle, als Flachschieber durchbilden, sondern besser mit Rücksicht auf Herstellung und möglichst gleichmäßige Verteilung seiner Wirkung auf den gesamten Gasstromquerschnitt in zentrischer Anordnung, also als flachen Drehschieber, Kolbenschieber usw. Er kann in letzterer Ausführung auch entlastet und dadurch für den Regulatorantrieb, dessen Verstellungskraft gering ist, brauchbar gemacht werden.

Wirkung der Regelung durch Beeinflussung des Einlaßventils.

Das selbsttätige Ansaugventil der Versuchsmaschine wurde mittels der schon in Fig. 2 dargestellten Einrichtung als Regelorgan verwendet, d. h. der Federteller wurde mittels Gewindes auf der Ventilspindel verstellbar gemacht, und so einerseits die Federspannung, andrerseits der größte Ventilhub verändert. Die sich ergebende Regelungswirkung ist keine klare, da sie sich teils auf spätere Ventilöffnung, teils auf Hubverminderung des Ventils erstreckt. Die Abmessungen und das Material der Feder sowie das Verhältnis ihrer Längenänderung zur Gesamtlänge sind für das Maß der einen oder anderen Wirkung bestimmend. Bei gesteuerten Einlaßventilen ist es leichter, nur durch verspätete Ventilöffnung oder nur durch Drosselung beim Ansaugen zu regeln. Grundsätzlich führen beide Arten zu demselben Endergebnis, also zur Verminderung der Lademenge, und es ist daher nicht zu erwarten, daß die eine oder andre Art der Beeinflussung des Einlaßventiles tiefgehende Abweichungen von der Füllungsregelung durch irgend ein Drosselorgan mit sich bringt. Ihr Unterschied voneinander konnte mit der vorhandenen Versuchseinrichtung nicht nachgeprüft werden; erwarten kann man jedoch, daß er mehr auf der Einwirkung der Regelung auf die Gemischbildung, als auf dem Regelungsvorgang selbst beruht.

Die hier benutzte Vorrichtung, Fig. 73, zur Verstellung des Ventil-Federtellers bestand in einer unten gegabelten, in der Ventilhaube durch Konus ge-

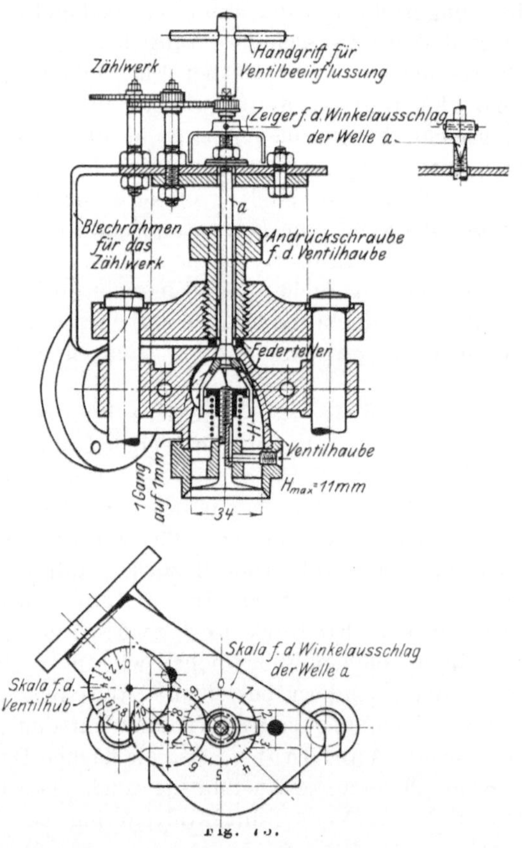

dichteten Welle a, welche durch einen am oberen Ende sitzenden Handgriff gedreht werden konnte. Ein mit der Welle verstifteter Zeiger zeigte auf einer entsprechenden Skala die Bruchteile einer Wellenumdrehung an, ein Zählwerk mit doppelter Zahnradübersetzung die Gesamtzahl der Umdrehungen und — da das Gewinde auf der Ventilspindel eine Ganghöhe von 1 mm besaß — damit den größten Ventilhub in mm; dieser ließ sich zwischen 0 und 11 mm verändern. Das Zählwerk war in einem mit dem Eintrittsflansch der Ventilhaube verschraubten Blechrahmen gelagert.

Die für verschiedene Ventilhübe genommenen Belastungskurven in Abhängigkeit von der Umlaufzahl, Fig. 74, zeigen Unregelmäßigkeiten, welche nicht nur auf die Unsicherheit der Bewegung des selbsttätigen Einlaßventiles, sondern anscheinend auch auf Schwingungseinflüsse hinweisen. Bei größeren

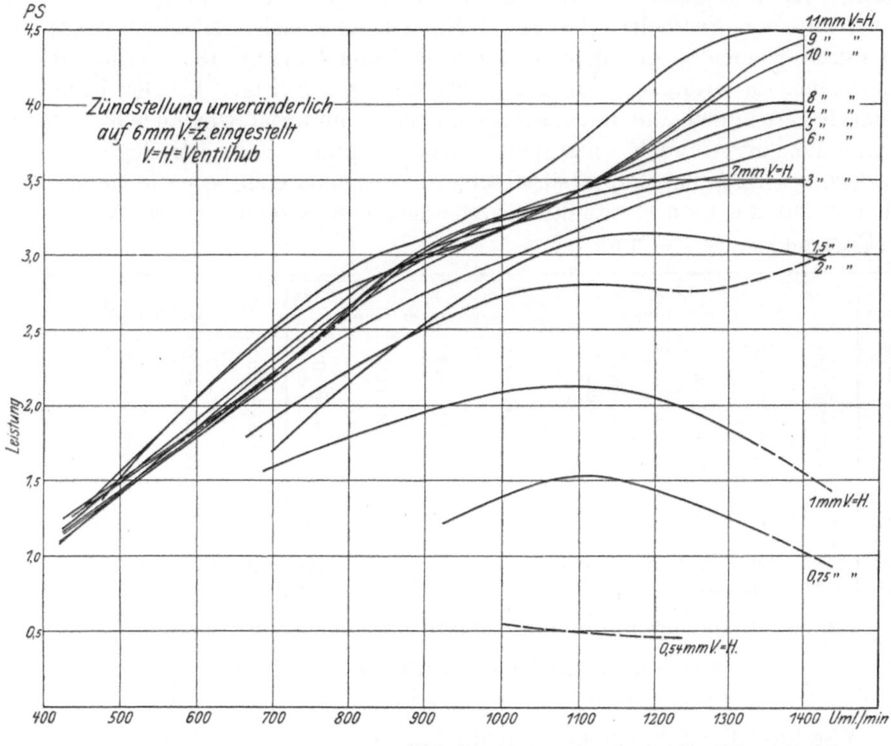

Fig. 74.

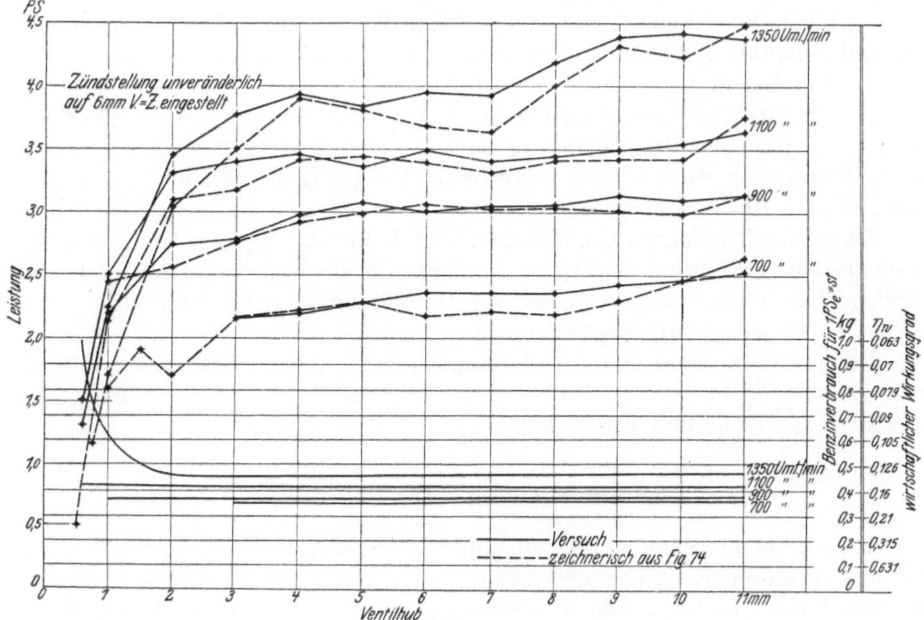

Fig. 75.

Ventilhüben und gewissen Umlaufzahlen ballen sich die Kurven zusammen, was Unstetigkeit und Einflußlosigkeit der Regelung zur Folge hat.

In Fig. 75 ist, entsprechend früherem Vorgehen, die Leistungsveränderung durch Verstellung der Regelungsvorrichtung, also hier des Ventilhubes bei unveränderlicher Umlaufzahl (ortfestem Betrieb entsprechend) untersucht, und zwar einmal auf dem Versuchs-, das andre Mal auf dem zeichnerischen Wege, nämlich durch Schneiden der den verwendeten Umlaufzahlen (1350, 1100, 900, 700) entsprechenden Ordinaten mit der Kurvenschar der Fig. 74. Der Unterschied beider ist erträglich, die Regelung zuerst jäh, dann fast wirkungslos. Der spezifische Benzinverbrauch entspricht durchschnittlich dem bei Regelung durch Ansaugdrosselung, desgl. der beherrschte Leistungsbereich, wie die nachfolgende, sich nur auf die feste Vorzündung von 6 mm erstreckende Tabelle zeigt (vergl. die Figuren 49, 68, 71 und 75).

Umdrehungszahl	Höchstleistung					Mindestleistung				Leistungsbereich				
	Flachschieber	Drosselklappe	Drosselventil	Einlaßventil		Flachschieber	Drosselklappe	Drosselventil	Einlaßventil	Flachschieber	Drosselklappe	Drosselventil	Einlaßventil	
				A	B								A	B
1350	4,18	4,07	3,85	4,45	3,92	2,0	1,68	2,55	1,3	2,18	2,39	1,3	3,15	2,62
1100	3,5	3,58	3,62	3,64	3,4	2,0	1,74	2,67	1,5	1,5	1,84	0,95	2,14	1,9
900	2,83	2,96	3,02	3,13	3,04	1,93	2,0	2,4	2,23	0,9	0,96	0,62	0,9	0.81
700	2,37	2,42	2,5	2,62	2,36	1,7	1,8	2,26	2,16	0,67	0,62	0,24	0,46	0,2

Bei der Regelung durch das Einlaßventil entspricht die Spalte

A einem größten Ventilhube von 11 mm,
B » » » » 7 » .

Wie aus der Zahlentafel ersichtlich, bietet hinsichtlich des Leistungsbereiches die Regelung durch das Ansaugventil bemerkenswerte Vorteile nur bei einem größten Ventilhube von 11 mm. Diese Vorteile wären aber auch mit der Ansaugdrosselung und dem gleichen Hube des Einlaßventils zu erreichen gewesen. Man hat einen solchen — wahrscheinlich wegen der dann besonders störenden Schwingungserscheinungen und des Schließungsstoßes — nicht angewendet, sondern nur 7 mm Hub zugelassen, und auf dieser Vergleichsgrundlage ist die Regelung durch das Ansaugventil hinsichtlich des Leistungsbereiches nicht überlegen.

Da sie somit keinerlei sonderlichen Vorteil bietet, dagegen leicht Störungen durch unsichere Führung und Schwingungen, da sie fernerhin in baulicher Hinsicht nicht so einfach ist, wie etwa ein Drosselungsschieber oder eine Drosselklappe, so ist sie nicht empfehlenswert.

Das gilt in diesem Umfange allerdings nur für das selbsttätige Einlaßventil; beim gesteuerten lassen sich, wie schon erwähnt, wenigstens die Bewegungsstörungen mit Sicherheit vermeiden.

Zusammenstellung der Ergebnisse.

Die Versuche geben durch zahlenmäßige Festlegung der Maschinenleistung und des spezifischen Brennstoffverbrauches in Abhängigkeit von den einzelnen Stellungen der geprüften Regelvorrichtungen Aufschluß über die technische und wirtschaftliche Wirkung der letzteren.

Die Regelung durch Zündpunktverstellung erwies sich insofern als wenig einwandfrei, als ihre technische Wirksamkeit im umgekehrten Verhältnis zu ihrer Wirtschaftlichkeit steht, so daß ihre Anwendung in nicht ganz geübten Händen leicht eine Brennstoffvergeudung zur Folge hat. Da — leidliche Wirtschaftlichkeit vorausgesetzt — der durch sie beherrschte Leistungs- und (bei Fahrzeugmaschinen) Geschwindigkeitsbereich garnicht oder nur wenig größer ist als der Bereich der wirtschaftlichen Regelung durch Füllungsveränderung, so wird letztere stets die Hauptregelung bilden müssen. Die Zündpunktverlegung wird entweder ganz unterbleiben oder — wenigstens bei Gebrauchswagen — dadurch an die zweite Stelle gerückt werden müssen, daß ihr Bedienungshebel weniger leicht zugängig gemacht wird, also nur in Notfällen (Anlassen, Klopfen der Maschine) in Wirkung tritt.

Aus den untersuchten Bauarten der Regelung durch Füllungsveränderung, welche hinsichtlich des Brennstoffverbrauches in praktischen Grenzen übereinstimmen, hebt sich der Schieber vorteilhaft heraus, da er profiliert werden kann und dann eine durchaus stetige Regelung gestattet.

Die Beeinflussung des selbsttätigen Einlaßventils zu Regelzwecken ist wenig empfehlenswert, da sie, ohne besondere Vorteile zu bieten, Störungen in der Regelungsstetigkeit aufweist.

Von größter Wichtigkeit für eine stetige Regelung ist die Vermeidung der durch Ansaugschwingungen hervorgerufenen Einsattlungen in den Leistungskurven.

Die schließlich noch entwickelten Beziehungen zwischen den Gesetzen des Fahrwiderstandes und der Regelung von Fahrzeugmaschinen ergeben ein anschauliches Verfahren zur Beurteilung der von einem Motor zu erwartenden Geländebeherrschung aus seinen Bremsergebnissen und zur Festlegung oder aber Nachprüfung der Uebersetzungsstufen in der Arbeitsübertragung.

Es bleibt noch zu erwägen, inwieweit sich die Versuchsergebnisse, welche ja an einer ganz bestimmten Maschine gewonnen sind, verallgemeinern lassen.

Bei technischen Untersuchungen ist es natürlich stets erwünscht, daß dieselben an recht verschiedenartigen Maschinen und unter recht mannigfachen Umständen vorgenommen werden. Kommen die, wie erörtert, überaus empfindlichen Automobilmotoren in Frage, bei denen schon zwei scheinbar ganz gleiche Ausführungen unkontrollierbare Abweichungen beim Versuche aufweisen, so ist dieser Wunsch noch mehr berechtigt. Da aber die im vorliegenden Falle gezogenen Folgerungen die Richtigkeit der Zahlenergebnisse nur in sehr weiten Grenzen voraussetzen, sich also im wesentlichen mehr auf den Verlauf, als auf die Höhenlage der Schaulinien erstrecken, da weiterhin Erwägungen, welche sich auf das technisch Bekannte stützen, in keinerlei Widerspruch zu den Versuchsergebnissen stehen, und da schließlich diese Ergebnisse durch Wiederholung der Prüfung unter verschiedenen Verhältnissen gesichert worden sind, so dürften wesentliche Einwände gegen die gezogenen Folgerungen nicht zu erheben sein.

Damit ist natürlich nicht gesagt, daß eine Verallgemeinerung der Untersuchung, zu welcher hier die Mittel fehlten, nicht sehr angebracht sein könnte. Es wird, wie schon vorher ausgesprochen wurde, nicht uninteressant sein, eine Maschine mit verschiedenen Zündvorrichtungen und mit gesteuertem Ansaugventil zu prüfen, aber — und das sei besonders betont — an dem grundsätzlichen Ergebnis dieser Arbeit wird dadurch schwerlich etwas geändert werden. Auch bei der Magnetzündung werden technische und wirtschaftliche Güte der Zündungsregelung in unlöslichem Widerspruch stehen, und bei dem gesteuerten

Ansaugventil wird sich zwar herausstellen, daß die Störungen der Regelkurven durch Einsattlungen zum großen Teil verschwinden, ein solches Ventil also zugunsten sicherer Regelung unbedingt vorzuziehen ist; der Regelvorgang selbst wird aber wesensgleich bleiben, wenigstens soweit hauptsächlich durch verminderten Ventilhub, also nicht durch verspätete Ventileröffnung bei unverändertem Hube geregelt wird.

Ist letzteres der Fall, so wird die Gemischbildung anders beeinflußt, als beim Drosselvorgang, und dann könnten erheblich abweichende Ergebnisse auftreten. Dieser Rückwirkung der Regelung auf die Gemischbildung und damit der für die Automobilmaschine einschneidenden Frage der Gemischbildung selbst nachzugehen, ließ sich mit der zur Verfügung stehenden Einrichtung nicht mehr ermöglichen. Durch Beibehaltung eines fest eingestellten Vergasers ist vielmehr, wie schon eingangs erwähnt, von vornherein für möglichste Ausschaltung wechselnder Vergaserbauart gesorgt worden. Damit entfällt auch die Möglichkeit, Endgültiges aus den am Einzylindermotor gewonnenen Versuchsergebnissen auf Mehrzylindermaschinen übertragen zu können. Doch kann ausgesprochen werden, daß sich letztere als Vervielfältigungen der Einzylindermaschine im wesentlichen nicht anders unter dem Einfluß der Regulierung verhalten können, als die Einzylindermaschine; die durch die abweichenden Ansaug- und damit Gemischbildungsverhältnisse sich ergebenden Aenderungen ihres Verhaltens werden mehr quantitativer als qualitativer Art sein. Sieht man von diesen Aenderungen ab, so lassen sich durch Vervielfältigung der hier gemessenen Leistungen die angegebenen Verfahren leicht auf Mehrzylindermotoren übertragen.

Buchdruckerei A. W. Schade, Berlin N., Schulzendorfer Str. 26.